大数据应用人才培养系列教材

U0175838

# 人工智能应用开发

总主编　刘　鹏

主　编　柳贵东　刘　鹏

清華大學出版社
北 京

# 内 容 简 介

本书面向人工智能应用开发者，紧扣人工智能应用开发需求，在系统介绍人工智能应用开发环境与平台的基础上，对图像识别、人脸识别、车辆识别、语音识别、语音合成、机器翻译、聊天机器人等关键模块予以展开，并在其间穿插目前市场上主流的企业级人工智能应用平台和典型的场景化应用开发实例，可供广大人工智能应用开发者借鉴，从而帮助降低人工智能应用开发门槛，提高人工智能应用开发效率，切实解决实际的人工智能应用问题，将人工智能应用拓展至各行各业。

本书注重基础性、系统性和实用性，适合作为人工智能相关专业的教材，也可供人工智能研究与开发人员学习与参考。

**图书在版编目（CIP）数据**

人工智能应用开发 / 刘鹏总主编；柳贵东，刘鹏主编. —北京：清华大学出版社，2023.9
大数据应用人才培养系列教材
ISBN 978-7-302-64691-4

Ⅰ．①人…　Ⅱ．①刘…　②柳…　Ⅲ．①人工智能—教材　Ⅳ．①TP18

中国国家版本馆 CIP 数据核字（2023）第 183455 号

责任编辑：邓　艳
封面设计：秦　丽
版式设计：文森时代
责任校对：马军令
责任印制：刘海龙

出版发行：清华大学出版社
　　　　网　　　址：https://www.tup.com.cn，https://www.wqxuetang.com
　　　　地　　　址：北京清华大学学研大厦 A 座　　　　邮　　编：100084
　　　　社 总 机：010-83470000　　　　邮　　购：010-62786544
　　　　投稿与读者服务：010-62776969，c-service@tup.tsinghua.edu.cn
　　　　质量反馈：010-62772015，zhiliang@tup.tsinghua.edu.cn
印 装 者：三河市科茂嘉荣印务有限公司
经　　销：全国新华书店
开　　本：185mm×260mm　　　印　　张：11.25　　　字　　数：257 千字
版　　次：2023 年 11 月第 1 版　　　印　　次：2023 年 11 月第 1 次印刷
定　　价：49.00 元

产品编号：089427-01

# 编写委员会

总主编　刘　鹏

主　编　柳贵东　刘　鹏

副主编　曹剑针　刘　闯

参　编　周宝玲　林　鑫　李　慧　陈　旭

# 总　　序

短短几年间，大数据以一日千里的发展速度快速实现了从概念到落地，直接带动了相关产业的井喷式发展。数据采集、数据存储、数据挖掘、数据分析等大数据技术在越来越多的行业中得到应用，随之而来的是大数据人才缺口问题的凸显。根据《人民日报》的报道，未来 3～5 年，中国需要 180 万大数据人才，但目前只有约 30 万人，人才缺口达到 150 万之多。

大数据是一门实践性很强的学科，在其呈现金字塔型的人才资源模型中，数据科学家居于塔尖位置，然而该领域对经验丰富的数据科学家的需求相对有限，反而对大数据底层设计、数据清洗、数据挖掘及大数据安全等相关人才的需求急剧上升，可以说后者占据了大数据人才需求的 80% 以上。

迫切的人才需求直接催热了相应的大数据应用专业。2021 年，全国 892 所高职院校成功备案大数据技术专业，40 所院校新增备案数据科学与大数据技术专业，42 所院校新增备案大数据管理与应用专业。随着大数据的深入发展，未来几年申请与获批该专业的院校数量仍将持续走高。

即使如此，就目前而言，在大数据人才培养和大数据课程建设方面，大部分专科院校仍然处于起步阶段，需要探索的问题还有很多。首先，大数据是一个新生事物，懂大数据的老师少之又少，院校缺"人"；其次，院校尚未形成完善的大数据人才培养和课程体系，缺乏"机制"；再次，大数据实验需要为每位学生提供集群计算机，院校缺"机器"；最后，院校没有海量数据，开展大数据教学实验工作缺少"原材料"。

对于注重实际操作的大数据专业专科建设而言，需要重点面向网络爬虫、大数据分析、大数据开发、大数据可视化、大数据运维等工作岗位，帮助学生掌握大数据专业必备知识，使其具备大数据采集、存储、清洗、分析、开发及系统维护的专业能力和技能，成为能够服务区域经济的发展型、创新型或复合型技术技能人才。无论是缺"人"、缺"机制"、缺"机器"，还是缺少"原材料"，最终都难以培养出合格的大数据人才。

其实，早在网格计算和云计算兴起时，我国科技工作者就遇到过类似的挑战，笔者有幸参与了这些问题的解决过程。为了解决网格计算问题，笔者在清华大学读博期间，于 2001 年创办了中国网格信息中转站网站，每天花几个小时收集有价值的资料分享给学术界，此后也多次筹办和主持全国性的网格计算学术会议，进行信息传递与知识分享。2002 年，笔者与其他专家合作编写的《网格计算》教材正式面世。

2008 年，当云计算萌芽之时，笔者创办了中国云计算网站（现已更名为云计算世界），2010 年编写了《云计算》一书，2011 年编写了《云计算（第 2 版）》，2015 年编写了《云计算（第 3 版）》，每一版都花费了大量成本制作并免费分享配套的教学 PPT。目前，《云计算》已成为国内高校的优秀教材。2010—2014 年，该书在中国知网公布的高被引图书名单中，位居自动化和计算机领域第一位。

除了资料分享，2010 年，我们还在南京组织了全国高校云计算师资培训班，培养了国内第一批云计算老师，并通过与华为、中兴、奇虎 360 等知名企业合作，输出云计算技术，培养云计算研发人才。这些工作获得了大家的认可与好评，此后笔者先后担任了工业和信息化部云计算研究中心专家、中国云计算专家委员会云存储组组长、中国大数据应用联盟人工智能专家委员会主任、第 45 届世界技能大赛中国云计算专家指导组组长/裁判长、中国信息协会教育分会人工智能教育专家委员会主任、教育部全国普通高校毕业生就业创业指导委员会委员等。

近年来，面对日益突出的大数据发展难题，我们也正在尝试使用此前类似的办法应对这些挑战。为了解决大数据技术资料缺乏和交流不够通透的问题，我们于2013 年创办了大数据世界网站，投入大量人力进行日常维护；为了解决大数据师资匮乏的问题，我们面向全国院校陆续举办多期大数据师资培训班，致力解决缺"人"的问题。

至今，我们已举办上百场线上线下培训，入选"教育部第四批职业教育培训评价组织"，被教育部学校规划建设发展中心认定为"大数据与人工智能智慧学习工场"，被工业和信息化部教育与考试中心授权为"工业和信息化人才培养工程培训基地"。同时，云创智学网站向成人提供新一代信息技术在线学习和实验环境；云创编程网站向青少年提供人工智能编程学习和实验环境。

此外，我们构建了云计算、大数据、人工智能 3 个实验实训平台，被多个省赛选为竞赛平台。其中，云计算实训平台被选为中华人民共和国第一届职业技能大赛竞赛平台；第 46 届世界技能大赛安徽省/江西省/吉林省/贵州省/海南省/浙江省等多个选拔赛，以及第一届全国技能大赛甘肃省/河北省云计算选拔赛等多项赛事，均采用了云计算实训平台作为比赛平台。

在大数据教学中，本科院校的实践教学更加系统，偏向新技术应用，且对工程实践能力要求更高，而高职、高专院校则偏向技能训练，理论以够用为主，学生将主要从事数据清洗和运维方面的工作。基于此，我们联合多家高职院校的专家准备了《云计算导论》《大数据导论》《数据挖掘基础》《R 语言》《数据清洗》《大数据系统运维》《大数据实践》系列教材，帮助解决缺"机制"的问题。

此外，我们也将继续在大数据世界和云计算世界等网站免费提供配套 PPT 和其他资料。同时，智能硬件大数据免费托管平台——万物云，以及环境大数据开放平台——环境云，使资源与数据随手可得，让大数据学习变得更加轻松。

　　在此，特别感谢我的硕士生导师谢希仁教授和博士生导师李三立院士。谢希仁教授所著的《计算机网络》已经更新到第 8 版，与时俱进，日臻完善，时时提醒学生要以这样的标准来写书。李三立院士是留苏博士，为我国计算机事业做出了杰出贡献，曾任国家攀登计划项目首席科学家。他严谨治学，带出了　大批杰出的学生。

　　本丛书是集体智慧的结晶，在此谨向付出辛勤劳动的各位作者致敬！书中难免会有不当之处，请读者不吝赐教。

刘　鹏

2023 年 10 月

# 前　　言

近年来，人工智能发展突飞猛进，人脸识别、语音识别、机器翻译等应用在诸多行业中屡见不鲜。即使如此，人工智能应用开发作为一个系统工程，开发流程长，开发技能高，无论是开发流程界定，还是技术平台支撑，仍然面临许多待完成的"功课"。如何使人工智能技术在各行各业中得到规模化应用是目前需要我们深思和探讨的问题。

对此，本书面向人工智能应用开发者，紧扣人工智能应用开发需求，在系统介绍人工智能应用开发环境与平台的基础上，对图像识别、人脸识别、车辆识别、语音识别、语音合成、机器翻译、聊天机器人等关键模块予以展开，并在其间穿插目前市场上主流的企业级人工智能应用平台和典型的场景化应用开发实例，可供广大人工智能应用开发者借鉴，从而帮助降低人工智能应用开发门槛，提高人工智能应用开发效率，切实解决实际的人工智能应用问题，将人工智能应用拓展至各行各业。

本书是集体智慧的结晶，编委老师相互鼓励、相互学习、相互促进，为《人工智能应用开发》的编写付出了辛勤的劳动！本书的问世也要感谢清华大学出版社王莉编辑给予的宝贵意见和指导。

《人工智能应用开发》编写组
2023 年 10 月

# 目　　录

# 第 7 章 语音合成

# 第 8 章 机器翻译

# 第 1 章

# 人工智能开发环境

人工智能是一门交叉学科，其涉及的领域包括脑科学、心理学、语言学和哲学。人工智能（artificial intelligence，AI）是研究、开发用于模拟、延伸和扩展人的智能的理论、方法、技术及应用系统的一门新的技术科学。

## 1.1 人工智能拓展介绍

人工智能其实是计算机科学的一个分支，它试图了解智能的实质，并生产出一种新的且能以与人类智能相似的方式做出反应的智能机器，该领域的研究包括机器人、语言识别、图像识别、自然语言处理和专家系统等[1]。人工智能自诞生以来，理论和技术日益成熟，应用领域也不断扩大。可以设想，未来人工智能带来的科技产品，将会是人类智慧的"容器"。人工智能是对人的意识、思维的信息过程的模拟。人工智能不是人的智能，但能像人那样思考，也可能超过人的智能。

## 1.2 科学介绍

### 1. 实际应用

实际应用包括机器视觉、指纹识别、人脸识别、视网膜识别、虹膜识别、掌纹识别、专家系统、自动规划、智能搜索、定理证明、博弈、自动程序设计、智能控制、机器人学、语言和图像理解、遗传编程等。

### 2. 学科范畴

人工智能是一门边缘学科，属于自然科学和社会科学的交叉。

### 3. 涉及学科

涉及学科包括哲学和认知科学、数学、神经生理学、心理学、计算机科学、信息论、控制论、不定性论等。

### 4．研究范畴

研究范畴包括自然语言处理、知识表现、智能搜索、推理、规划、机器学习、知识获取、组合调度问题、感知问题、模式识别、逻辑程序设计软计算、不精确和不确定的管理、人工生命、神经网络、复杂系统、遗传算法等。

### 5．意识和人工智能

对于人的思维模拟可以从两条道路进行：一是结构模拟，仿照人脑的结构机制，制造出"类人脑"的机器；二是功能模拟，暂时撇开人脑的内部结构，从其功能过程进行模拟。现代电子计算机的产生便是对人脑思维功能的模拟，是对人脑思维的信息过程的模拟[2]。

## 1.3  应用领域

人工智能主要应用于机器翻译、智能控制、专家系统、机器人学、语言和图像理解、遗传编程机器人工厂、自动程序设计、航天应用、庞大的信息处理、存储与管理，执行化合生命体无法执行的或复杂或规模庞大的任务等。其中最值得一提的是，机器翻译是人工智能的重要分支和最先应用领域。不过就已有的机译成就来看，机译系统的译文质量离终极目标仍相差甚远，而机译质量是机译系统成败的关键[2]。

## 1.4  人工智能应用开发环境

人工智能看起来很高端，那么如何构建人工智能的应用呢？人工智能应用分为底层算法和上层应用。底层基于深度算法、数据和算力，相关技术有 Python、TensorFlow、Keras、神经网络、图形处理、自然语言处理、强化学习等算法，这些相当于一个黑盒，技术要求较高，通过底层开发出一套对外的应用编程接口（application programming interface，API）后，提供给上层应用进行调用，这就比较简单。目前一些主流的开放平台，如阿里云、腾讯云、百度云和云创人工智能开放平台等，都提供了一套完善的 API 供应用开发方进行调用，从而快速开发出人工智能应用。本书就是要教会大家如何调用相关平台的 API 进而实现人工智能应用的开发。

本书后续章节以云创人工智能开放平台为例，介绍如何调用人工智能云平台完成应用开发。阿里云、百度云、腾讯云等的人工智能应用开发接口与此类似，学会一个就能够举一反三。云创人工智能开放平台的优点是功能齐全、使用方便，更重要的是对于教学应用是完全免费的。

### 1.4.1  开发环境的配置

本书基于 Java 语言开发。Java 是一种可以撰写跨平台应用程序的面向对象的程序设计语言，是目前使用最为广泛的网络编程语言之一。下面进行开发前的第一步——环境搭建。

首先需要下载 Java 开发工具包 JDK（Java development kit）。JDK 是 Sun 公司（已被 Oracle 公司收购）针对 Java 开发的软件开发工具包。自从 Java 推出以来，JDK 已经成为使用最广泛的 Java SDK（software development kit）。

从官方网站下载 JDK，单击图 1-1 所示的下载图标。

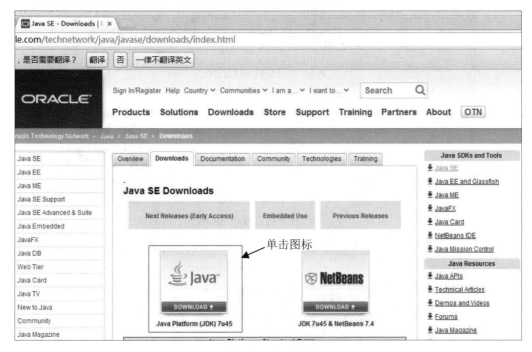

图 1-1　JDK 下载

如图 1-2 所示，在下载页面中选中 Accept License Agreement（接受许可）单选按钮，并根据自己的系统选择对应的版本。本书以 Windows 64 位系统为例。

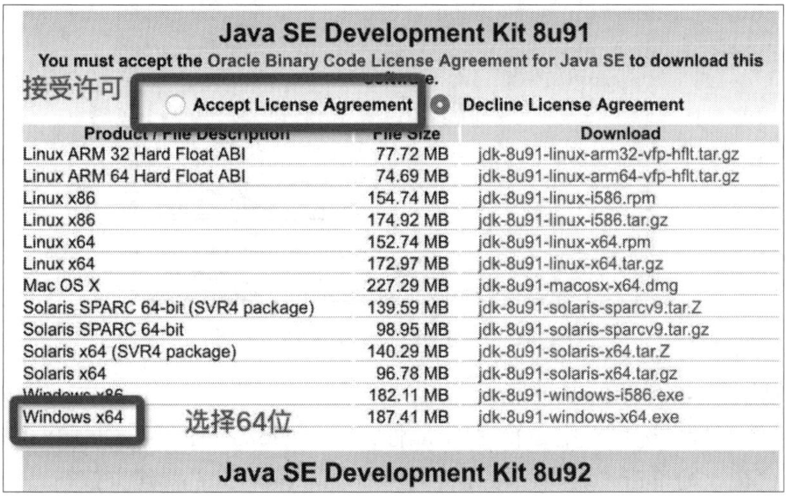


| Product / File Description | File Size | Download |
|---|---|---|
| Linux ARM 32 Hard Float ABI | 77.72 MB | jdk-8u91-linux-arm32-vfp-hflt.tar.gz |
| Linux ARM 64 Hard Float ABI | 74.69 MB | jdk-8u91-linux-arm64-vfp-hflt.tar.gz |
| Linux x86 | 154.74 MB | jdk-8u91-linux-i586.rpm |
| Linux x86 | 174.92 MB | jdk-8u91-linux-i586.tar.gz |
| Linux x64 | 152.74 MB | jdk-8u91-linux-x64.rpm |
| Linux x64 | 172.97 MB | jdk-8u91-linux-x64.tar.gz |
| Mac OS X | 227.29 MB | jdk-8u91-macosx-x64.dmg |
| Solaris SPARC 64-bit (SVR4 package) | 139.59 MB | jdk-8u91-solaris-sparcv9.tar.Z |
| Solaris SPARC 64-bit | 98.95 MB | jdk-8u91-solaris-sparcv9.tar.gz |
| Solaris x64 (SVR4 package) | 140.29 MB | jdk-8u91-solaris-x64.tar.Z |
| Solaris x64 | 96.78 MB | jdk-8u91-solaris-x64.tar.gz |
| Windows x86 | 182.11 MB | jdk-8u91-windows-i586.exe |
| Windows x64 | 187.41 MB | jdk-8u91-windows-x64.exe |

图 1-2　JDK 版本选择

完成下载后，根据提示进行 JDK 的安装。安装 JDK 时也会安装 JRE，一并安装即可。因为计算机不知道 javac 这个命令的路径，所以接下来要设置环境变量，以便让计算机知道它的路径。

JDK 安装完成后，右击"我的电脑"图标，在弹出的快捷菜单中选择"属性"→"高级系统设置"命令，如图 1-3 所示。

图 1-3　计算机高级系统设置

在"系统属性"对话框中选择"高级"选项卡，单击"环境变量"按钮，如图 1-4 所示。

图 1-4　高级系统设置中的环境变量

系统弹出图 1-5 所示的对话框。

在"系统变量"选项组中设置 3 个属性：Java_Home、Path、ClassPath（大小写均可）。若已存在，则单击"编辑"按钮；若不存在，则单击"新建"按钮。

注意：如果使用 1.5 以上版本的 JDK，不用设置 ClassPath 环境变量，也可以正常编译和运行 Java 程序。

图 1-5 "环境变量"对话框

变量参数设置如下。

变量名：Java_Home

变量值：C:\Program Files (x86)\Java\jdk1.8.0_91    //要根据自己的实际路径配置

变量名：Path

变量值：%Java_Home%\bin;%Java_Home%\jre\bin;

变量名：ClassPath

变量值：.;%Java_Home%\lib\dt.jar;%Java_Home%\lib\tools.jar; //注意前面有一个"."

Java_Home 设置如图 1-6 和图 1-7 所示。

图 1-6　Java_Home 设置（一） 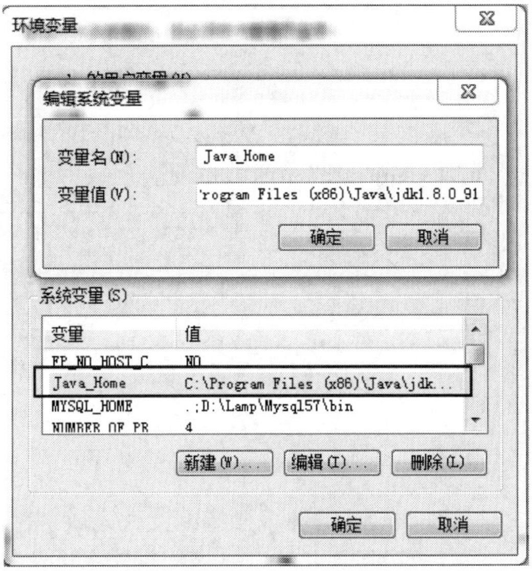            图 1-7　Java_Home 设置（二）

Path 设置如图 1-8 和图 1-9 所示。

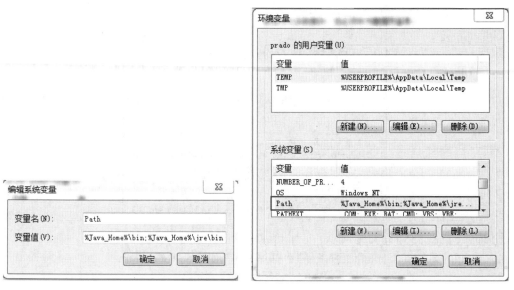

图 1-8　Path 设置（一）　　　　　　　　图 1-9　Path 设置（二）

注意：在 Windows 10 中，Path 变量值是分条显示的，需要将%Java_Home%\bin;%Java_Home%\jre\bin;分开添加，否则无法识别，如图 1-10 所示。

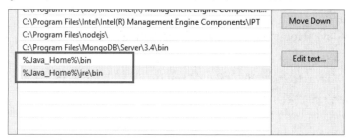

图 1-10　环境变量设置

更多内容可参考：Windows 10 配置 Java 环境变量。

ClassPath 设置如图 1-11 所示。

图 1-11　ClassPath 设置

这时，Java 的环境变量配置就完成，接下来需要测试一下 JDK 是否安装成功。

（1）选择"开始"→"运行"命令，输入 cmd 命令；或者按 Win+R 组合键。

（2）输入 java -version 命令，输出图 1-12 所示的信息，提示 java version "1.8.0_91"，说明环境变量配置成功。

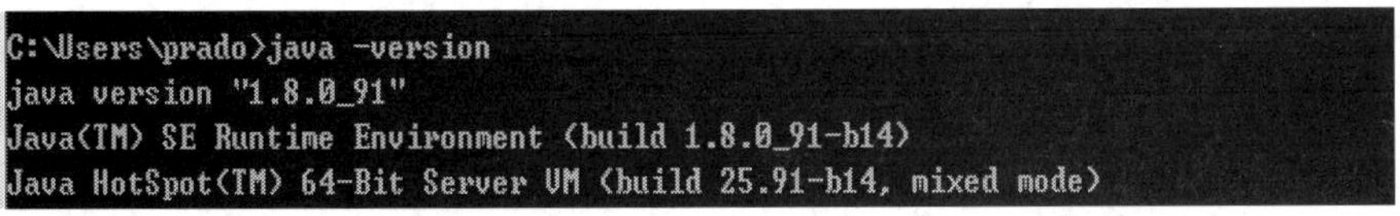

```
C:\Users\prado>java -version
java version "1.8.0_91"
Java(TM) SE Runtime Environment (build 1.8.0_91-b14)
Java HotSpot(TM) 64-Bit Server VM (build 25.91-b14, mixed mode)
```

图 1-12　查询本机 Java 版本，检测环境变量配置是否成功

## 1.4.2　开发工具的安装

环境变量配置成功后即可编写代码。Java 源代码本质上就是普通的文本文件，所以从理论上来说，任何可以编辑文本文件的编辑器都可以作为 Java 代码编辑工具。例如 Windows 记事本，Mac OS X 下的文本编辑，Linux 下的 Vi、Emacs、gedit，DOS 下的 edit 等。但是这些工具没有语法的高亮提示、自动完成等功能，这些功能的缺失会大大降低代码的编写效率，所以为了高效地开发和调试代码，需要使用 Java 编辑器。目前市面上流行的 Java 编辑器有 Eclipse、MyEclipse、JCreator、NetBeans 等。其中 Eclipse 编辑器开源免费，使用人数最多，且提供了丰富的插件和友好的编辑界面，能耗比较低，速度也比较快。所以，本书以 Eclipse 作为工具编写代码。下面介绍 Eclipse 的安装方法。

首先从官方网站下载适合自己系统的安装包，单击下载按钮后进行安装，如图 1-13 和图 1-14 所示。

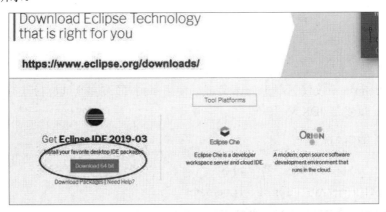

图 1-13　Eclipse 安装（一）

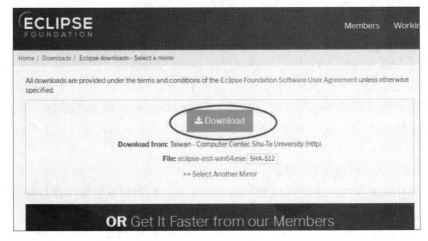

图 1-14　Eclipse 安装（二）

图 1-15 所示为安装选项，选择 Eclipse IDE for Java EE Developers，安装程序自动进入下一步。

图 1-15　Eclipse 安装（三）

总结：Eclipse 不仅仅适用于 Java 开发，使用不同开发功能可以自行选择不同版本，但前提是一定要安装 JDK 环境。

### 1．开发框架的选择

Java Web 开发框架的变迁情况如下。

（1）SSH——Struts、Spring、Hibernate。

（2）Spring +SpringMVC + Hibernate/ibatis。

（3）SSM——Spring+SpringMVC+Mybatis——主流。

（4）Spring Boot+Mybatis——兴起。

Spring Boot 为所有基于 Spring 的 Java 开发提供了方便快捷的入门体验，开箱即用，同时提供了一系列通用化的功能，如嵌入式服务器、安全管理、健康监测等。Spring Boot 不需要 xml 的配置，它的出现让 Java 开发回归简单，由于确实解决了开发中的痛点，因此该技术得到了非常广泛的应用。本书将基于 Spring Boot 框架进行 Java 开发。

Spring Boot 项目有多种创建方式，可以在线创建，也可以使用开发工具创建。这里以在线创建为例。

1）创建一个 Spring Boot 项目

进入 Spring Boot 官方网站 https://start.spring.io/，根据需要设置该项目的配置项。

这里，Project、Language、Spring Boot、Project Metadata 均使用默认选项，即配置了一个类型为 Maven、语言为 Java 8、Spring Boot 版本为 2.3.2、名称为 demo 的项目。

在 Dependencies 下面可添加该项目所需的依赖包，这里暂时不添加。

单击 GENERATE 按钮，即可生成 demo.zip 压缩包，如图 1-16 所示。

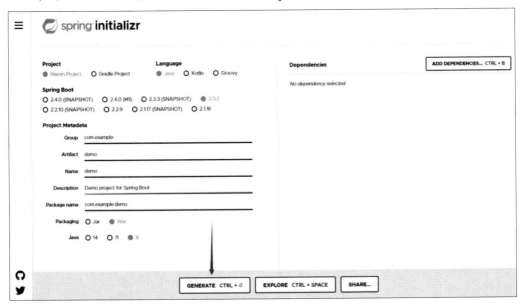

图 1-16  在线创建 Spring Boot 项目

2）将项目导入 Eclipse

先将压缩包解压，然后打开 Eclipse，依次选择 File→Import→Existing Maven Projects 命令，单击 Next 按钮，如图 1-17 所示。

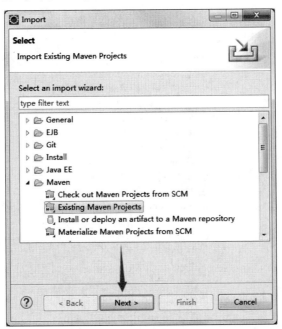

图 1-17  将项目导入 Eclipse

选择压缩包所在的目录，选中 pom.xml 文件，单击 Finish 按钮，等待片刻，项目即导入成功，如图 1-18 所示。

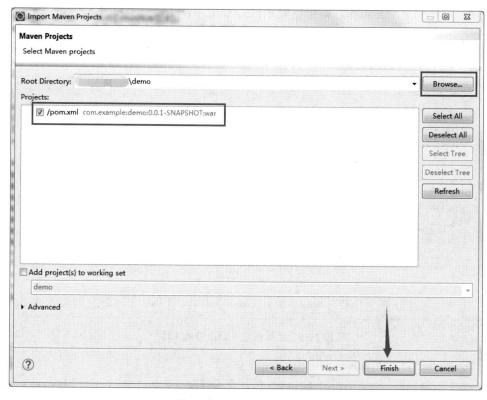

图 1-18　选中 pom.xml 文件

项目结构如图 1-19 所示。

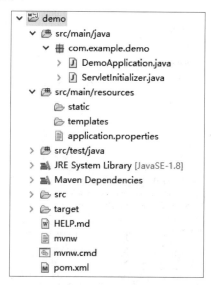

图 1-19　Eclipse 项目结构图

3）配置项目属性

在 application.properties 文件中添加如下代码。

```
spring.jmx.default-domain=demo
server.servlet.context-path=/demo

spring.servlet.multipart.max-file-size=3MB
spring.servlet.multipart.max-request-size=3MB
```

**2．在线 API 工具 swagger2**

在开发之前再介绍一个好用的在线 API 工具——swagger2。swagger2 作为一个规范和完整的框架，用于生成、描述、调用和可视化 RESTful 风格的 Web 服务。它可以在线自动生成接口文档，文档随接口变动实时更新，节省维护成本，还支持在线接口测试，不依赖第三方工具。下面介绍如何在 Spring Boot 中集成 swagger2。

1）在 pom.xml 文件中引入 swagger2 的依赖

在 pom.xml 文件的标签&lt;dependencies&gt;和标签&lt;/dependencies&gt;之间添加如下代码。

```
<!--swagger 插件-->
<dependency>
<groupId>io.springfox</groupId>
<artifactId>springfox-swagger2</artifactId>
<version>2.6.1</version>
</dependency>
<dependency>
<groupId>io.springfox</groupId>
<artifactId>springfox-swagger-ui</artifactId>
<version>2.6.1</version>
</dependency>
```

2）创建 swagger2 配置文件

在 com.example.demo 下新建一个名为 config 的包，并在 com.example.demo.config 下新建一个名为 Swagger2 的类，代码如下。

```
package com.example.demo.config;

import org.springframework.context.annotation.Bean;
import org.springframework.context.annotation.Configuration;

import springfox.documentation.builders.ApiInfoBuilder;
import springfox.documentation.builders.PathSelectors;
import springfox.documentation.builders.RequestHandlerSelectors;
import springfox.documentation.service.ApiInfo;
import springfox.documentation.spi.DocumentationType;
import springfox.documentation.spring.web.plugins.Docket;
import springfox.documentation.swagger2.annotations.EnableSwagger2;

@Configuration
@EnableSwagger2
public class Swagger2 {
@Bean
public Docket createRestApi() {
    return new Docket(DocumentationType.SWAGGER_2)
```

```
                .apiInfo(apiInfo())
                .select()

.apis(RequestHandlerSelectors.basePackage("com.example.demo.controller"))
                .paths(PathSelectors.any())
                .build();
}

private ApiInfo apiInfo() {
    return new ApiInfoBuilder()
                .title("demo")                    //自定义内容
                .description("我的 demo 项目")      //自定义内容
                .termsOfServiceUrl("http://localhost:8080/demo/swagger-ui.html")
                .version("1.0")                   //自定义内容
                .build();
}
}
```

com.example.demo.controller 是后面各种接口的集成包名。

http://localhost:8080/demo/swagger-ui.html 是接口在线访问 URL。

3）启动项目

右击 DemoApplication.java，在弹出的快捷菜单中选择 Run As→Java Application 命令，控制台输出如下内容，即项目启动成功。

```
…
Tomcat started on port(s): 8080 (http) with context path '/demo'
…
Started DemoApplication in XXX seconds (JVM running for 1.XXX)
```

在浏览器中访问 http://localhost:8080/demo/swagger-ui.html 地址，如图 1-20 所示。

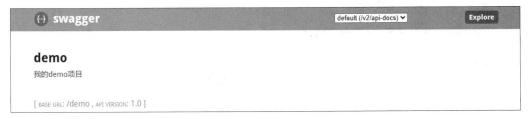

图 1-20  swagger 首页

### 3. 工具类 Result

在项目中，将响应封装成 JSON 返回，一般会将所有接口的数据格式统一，使前端（iOS、Android、Web）对数据的操作更一致、更轻松。一般情况下，统一返回的数据没有固定的格式，只要能描述清楚返回的数据状态以及要返回的具体数据即可。但是一般会包含状态码、返回消息、数据这几部分内容。

在 com.example.demo 下新建一个名为 util 的包，并在 com.example.demo.util 下新建一个名为 Result 的类，代码如下。

```
package com.example.demo.util;
```

```java
public class Result {
/**
 * 结果标识：true 成功，false 失败
 */
private boolean flag = true;
/**
 * 结果消息
 */
private String message;
/**
 * 数据内容
 */
private Object data;
public Result() {
}
public Result(boolean flag, String message) {
    this.flag = flag;
    this.message = message;
}
public Result(boolean flag, Object data) {
    this.flag = flag;
    this.data = data;
}
public Result(boolean flag, String message, Object data) {
    this.flag = flag;
    this.message = message;
    this.data = data;
}
public Result flag(boolean flag) {
    this.flag = flag;
    return this;
}
public Result message(String message) {
    this.message = message;
    return this;
}
public Result data(Object data) {
    this.data = data;
    return this;
}
public boolean isFlag() {
    return flag;
}
public void setFlag(boolean flag) {
    this.flag = flag;
}
public String getMessage() {
    return message;
}
public void setMessage(String message) {
    this.message = message;
```

```
}
public Object getData() {
    return data;
}
public void setData(Object data) {
    this.data = data;
}
}
```

### 1.4.3 Android 开发工具的安装及介绍

#### 1. 开发环境准备和创建

工欲善其事，必先利其器。在项目开发之前，需要进行 JDK 及 Android Studio 的安装和环境配置。

#### 2. Java 环境检测

首先需要确定计算机是否安装了 Java 环境（是否安装了 JDK）。直接在计算机桌面按 Win+R 组合键，在"运行"对话框中输入 cmd 命令打开命令窗口。

在命令窗口输入 java 命令并按 Enter 键，输出 Java 配置信息，如图 1-21 所示。

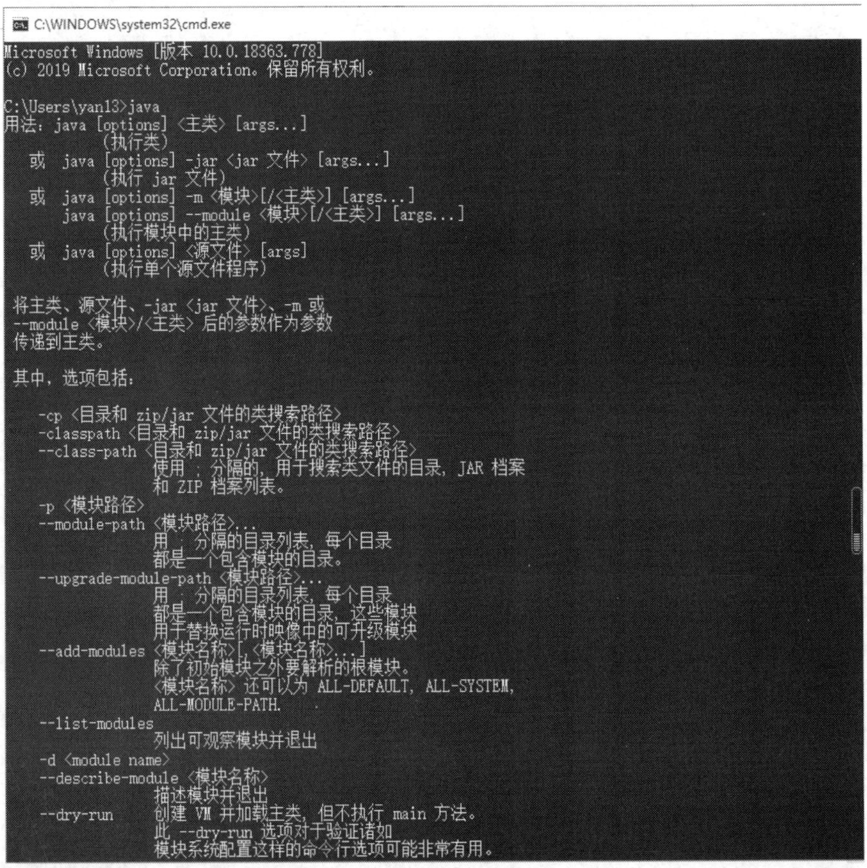

图 1-21　Java 环境检测

在命令窗口输入 javac 命令并按 Enter 键，输出 Java 帮助信息，如图 1-22 所示。

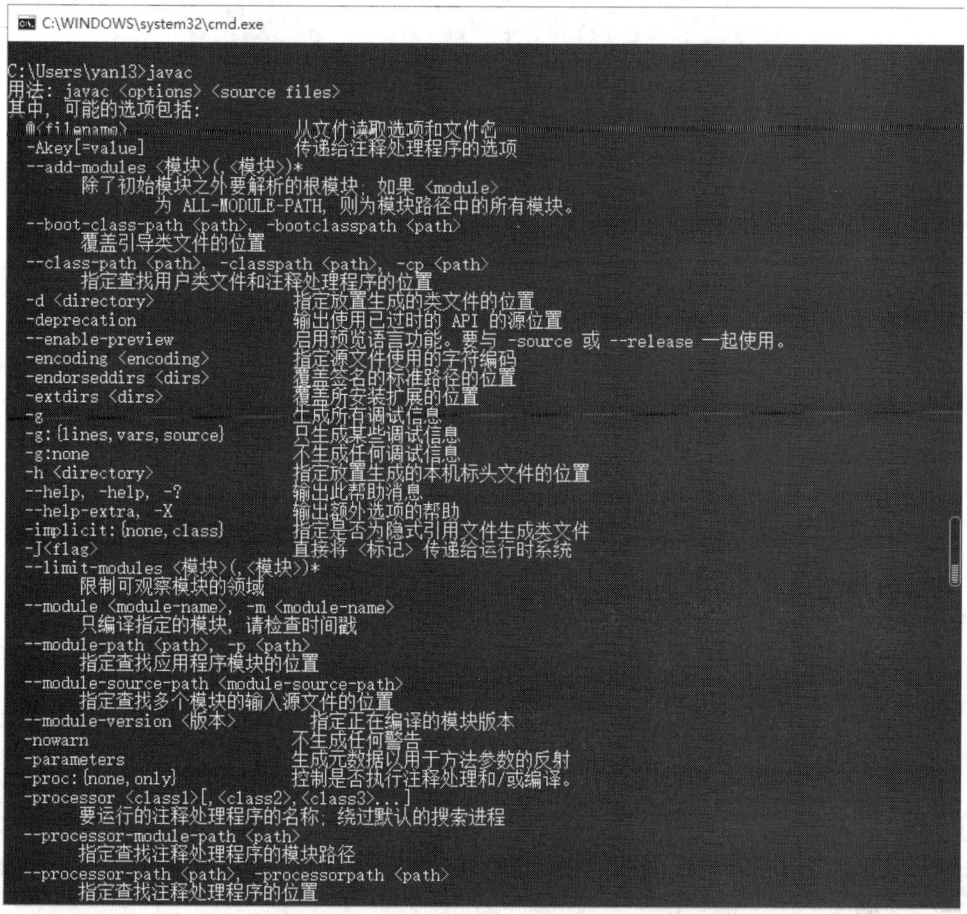

图 1-22　Java 版本检测

在命令窗口输入 java -version 命令并按 Enter 键，输出版本信息，如图 1-23 所示。

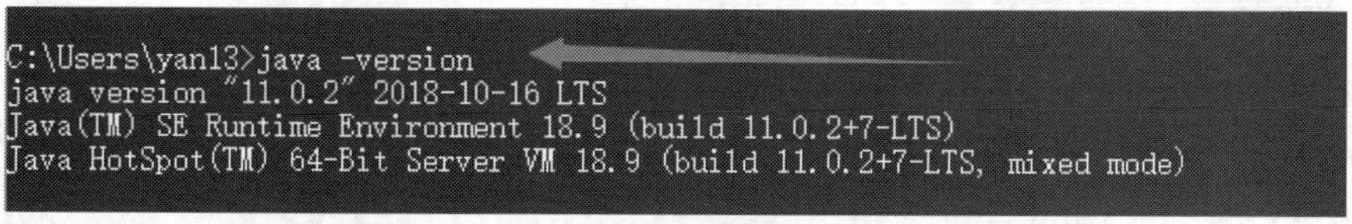

图 1-23　Java 版本号查询

以上 3 种命令均正常显示，说明 JDK 环境变量已经配置成功。

### 3．Android Studio 安装和项目结构

用户可以从官方网站 https://developer.android.google.cn/studio/install.html 进行下载，该网站提供了各种环境下的安装教程。

也可以通过国内镜像地址 https://github.com/inferjay/AndroidDevTools 进行下载。

安装完成后，单击 Finish 按钮进入 Android Studio 新建项目首页，如图 1-24 所示。单击 Start a new Android Studio project 按钮创建一个空白的新项目，如图 1-25 所示。

图 1-24  Android Studio 新建项目首页

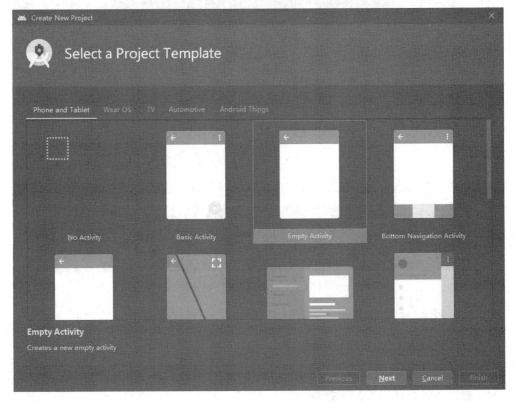

图 1-25  Android Studio 新建项目

　　设置项目名称、项目包名、存储地址和开发语言，语言选择 Java，如图 1-26 所示。然后单击 Finish 按钮创建项目，等待项目构建完成。

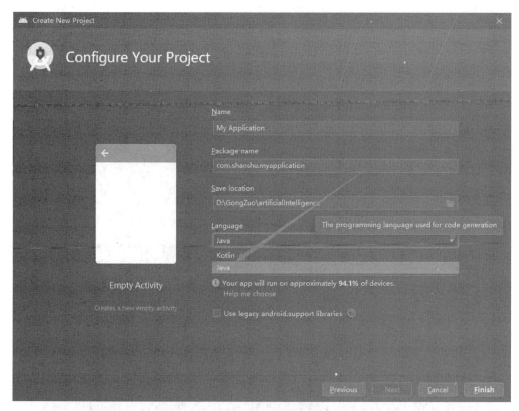

图 1-26　Android Studio 新建项目设置

新建项目的目录结构默认如图 1-27 所示。

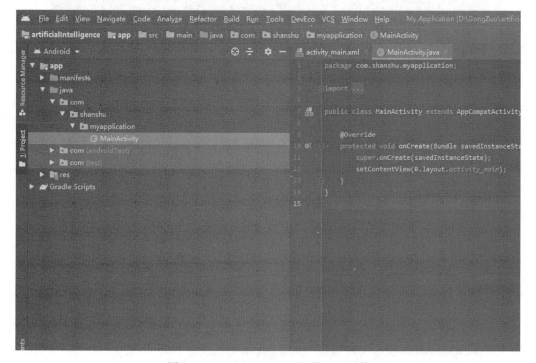

图 1-27　Android Studio 项目的目录结构

单击左上角 Android 右侧的下拉箭头切换视图，这里选择 Project 选项，展开目录如图 1-28 所示。

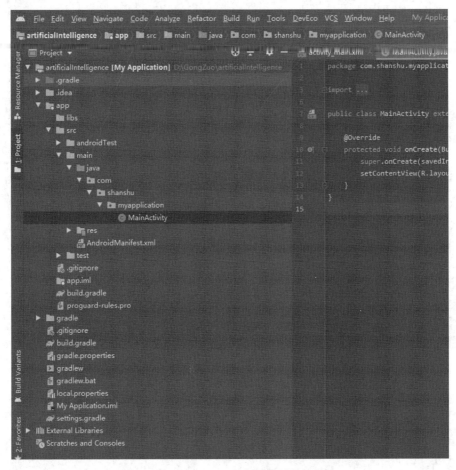

图 1-28　Android Studio 新建项目结构详情

在 Android Studio 中，一个窗口只能有一个项目，项目中有 Project（项目）和 Module（模组）的概念，一个项目可以有多个 Module。在 Project 中，开发代码和资源文件（图片、布局文件等）都在 src 的 main 文件夹下面，分别为 java（代码）文件夹和 res（资源文件）文件夹。

### 4. 主要文件和目录

build.gradle：每个 Projrct 的设置包含仓库地址，以及依赖的 gradle 版本等。

app：每个 Moudle。

app/build.gradle：每个 Module 配置文件，如依赖的类库、SDK 版本、App 打包的版本号。

app/src/：源码和资源文件都在这里，写的文件也都在这里。

app/libs/：添加类库。

app/src/main/res：资源文件内容，包括 layout 布局文件夹、mipmap 图片资源文件夹、

values 文件夹（包含色值文件、系统风格等），这里的文件会原封不动地存储到设备上，并转换为二进制格式。

### 5．依赖、插件等的导入

Gson 导入方法如下。

方法一：单击右上角的 Project Structure（项目结构）按钮，在弹出对话框的左侧选择 Dependencies（依赖）选项，选择 app 文件夹，然后单击右侧的+按钮，在弹出对话框的搜索框内输入 gson，按 Enter 键或者单击 Search 按钮进行搜索。搜索结果如图 1-29 所示，单击 OK 按钮添加依赖。

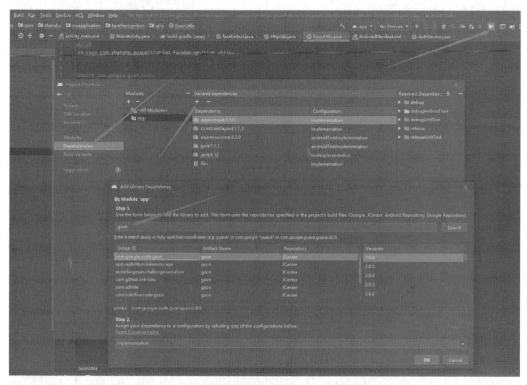

图 1-29　导入 Gson

方法二：直接打开 app 文件夹中的/build.gradle 文件，在 dependencies 中输入如下内容。

```
implementation 'com.google.code.gson:gson:2.8.6'
```

单击界面右上角的 Sync Now（同步）按钮，如图 1-30 所示。

Glide 导入方法如下。

方法一：在搜索框中输入 glide，单击 OK 按钮添加依赖，如图 1-31 所示。

方法二：直接打开 app 文件夹中的/build.gradle 文件，在 dependencies 中输入如下内容。

```
implementation 'com.github.bumptech.glide:glide:4.11.0'
```

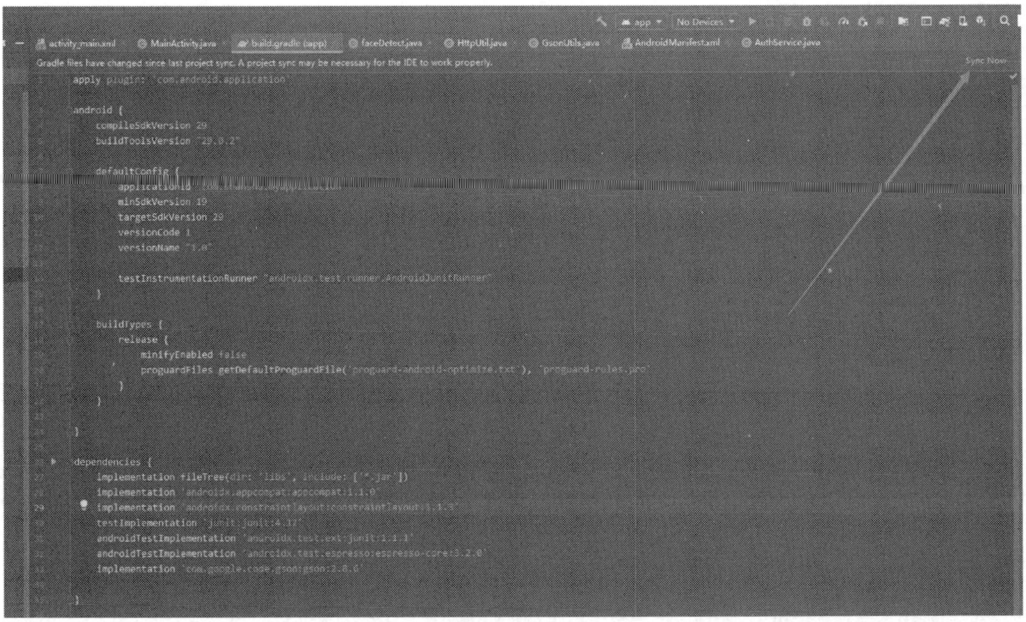

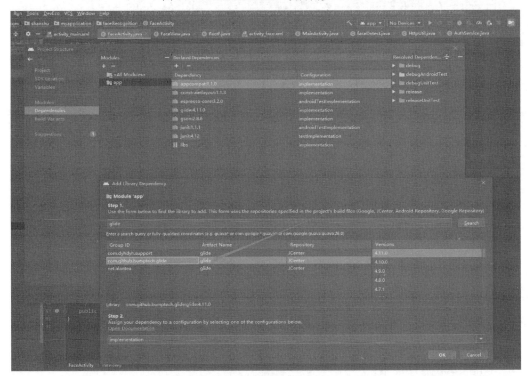

图 1-30　Android Studio 项目同步（一）

图 1-31　导入 Glide

单击界面右上角的 Sync Now 按钮，如图 1-32 所示。

GsonFormat 的安装过程如下。

在主菜单中选择 File→Settings 命令，打开设置界面。然后选择 Plugins（插件）选项，在搜索框中输入 GsonFormat，开始搜索，选择安装，然后重启 Android Studio，如

图 1-33 所示。

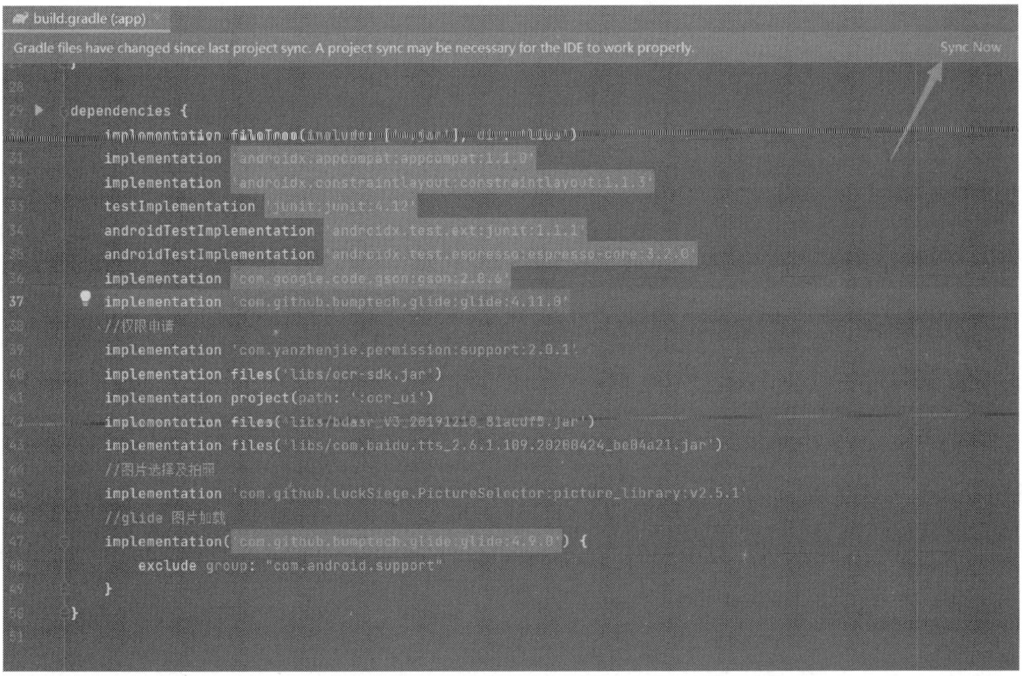

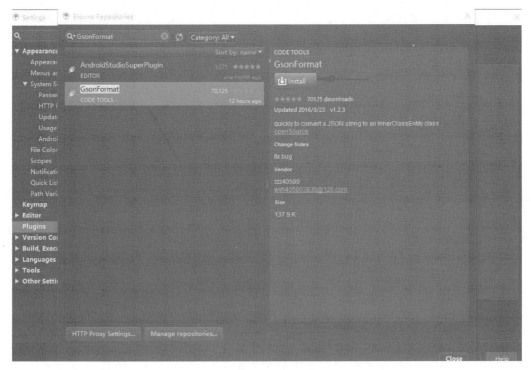

图 1-32　Android Studio 项目同步（二）

图 1-33　导入 GsonFormat

## 习题

1. 什么是人工智能？人工智能和计算机程序的区别有哪些？
2. 人工智能有哪些应用？
3. 简述人工智能的应用特点。
4. Java 环境的搭建需要哪几个步骤？
5. 如何测试 JDK 是否安装成功？
6. 如何创建一个 Spring Boot 项目？

## 参考文献

[1] 戴汝为. 人工智能[M]. 北京：化学工业出版社，2002.

[2] 嵇国光管理视界. 管理能力提升 251：人工智能：全面解放人类的科技[EB/OL].（2022-03-17）[2022-10-12]. https://baijiahao.baidu.com/s?id=1727528491006157839&wfr= spider&for=pc.

# 第 2 章

# 人工智能开放平台

随着人工智能的发展，人工智能技术在向各行各业渗透的同时，越来越多的人工智能开放平台也如雨后春笋般涌现出来。人工智能开放平台已经成为企业重要的基础设施。它连接了开发者，降低了整个人工智能行业的开发成本。通过这些对外开放的技术，原来没有核心技术的开发者也可以通过开放平台实现人工智能的相关应用。人工智能技术正在一步一步地改变人类的生活，如人脸识别、刷脸支付，疫情期间的红外测温、机器辅助诊疗，无人驾驶车辆……[1]但是，面对如此多的人工智能开放平台，如何选择适合自己的？这成为很多开发者需要关注的问题。选择一个合适的开放平台，不仅可以降低开发成本，还可以提高自身的开发速度和应用的稳定性。下面将详细介绍一些时下热门的人工智能开放平台，以及它们的对比与选择。

## 2.1 主要人工智能开放平台

如今，各大公司纷纷推出了自己的人工智能开放平台。下面列举一些知名的人工智能开放平台。

### 2.1.1 国内四大 AI 开放平台

#### 1. 百度 AI 开放平台

百度 AI 开放平台如图 2-1 所示。

从目前来看，百度在人工智能领域布局的完整性、开放性、前瞻性和发展性均处于领先地位。百度的策略是通过共享各种技术能力构建广泛的生态系统。百度大脑已经实现了 AI 能力与应用场景的融合创新，升级为"软硬一体的 AI 大生产平台"，全面支持产业智能化升级。目前，百度大脑开放 273 项核心 AI 能力，且还在持续增加中，日调用量突破万亿。作为百度大脑的核心组成部分，百度飞桨深度学习平台也在持续升级。

图 2-1　百度 AI 开放平台

飞桨官方支持100多个经过长期产业实践打磨的主流模型——其中包括在国际竞赛中夺得冠军的模型，同时开源 200 多个预训练模型，以助力快速产业应用。目前，飞桨的落地实践能力已经得到了验证，案例覆盖互联网、城市规划、金融、工业和农业等多个领域。

百度 AI 的核心技术包括语音技术、图像技术、文字识别、人体人脸识别、视频技术、AR 与 VR、自然语言处理、知识图谱、数据智能等。与其他平台相比，百度 AI 开放平台的技术更加丰富，应用场景更多，特别在自然语言处理、数据智能、AR、机器翻译等方面都较为突出。

### 2. 阿里云 AI 开放平台

阿里云 AI 开放平台如图 2-2 所示。

图 2-2　阿里云 AI 开放平台

　　阿里云 AI 依托阿里顶尖的算法技术，结合阿里云可靠和灵活的云计算基础设施和平台服务，帮助企业简化 IT 框架、实现商业价值、加速数智化转型。阿里云数十项 AI 服务，功能稳定、简单易用、能力突出，其中自然语言处理在 SQuAD 机器阅读评比中精确阅读率首次超过人类，智能语音入选 MIT Technology Review 2019 年"全球十大突破性技术"，电话语音客服机器人被认为是"比谷歌更好的语音技术"，视觉计算可识别超过 100 万种物理实体[2]。阿里云平台整合资源涉及云计算、网络安全、人工智能、物联网、大数据等多个热门领域，人工智能方面除了基础的几大 AI 能力，还涉及智能数据、三维视觉、机械学习等新的 AI 领域[2]。

### 3. 腾讯 AI 开放平台

　　腾讯 AI 开放平台如图 2-3 所示。

图 2-3　腾讯 AI 开放平台

　　腾讯 AI 开放平台提供全球领先的语音、图像、NLP 等多项人工智能技术，共享 AI 领域最新的应用场景和解决方案。腾讯 AI 布局相对较晚，提出以"基础研究—场景共建—AI 开放"为三层架构的整体 AI 战略，从技术、场景和平台 3 个层面实现 AI in All，AI 被提到战略级高度。腾讯的 AI 版图围绕技术、场景和平台持续扩大，AI 以产品的形式落地应用，从内部场景应用不断向外部产业化场景落地延伸。具体的 AI 应用场景为：在内部应用场景中，AI 与腾讯游戏、社交、内容等业务场景深度融合；在外部场景中，医疗是腾讯 AI 切入最早、应用成熟度最高的场景之一。

　　其中，腾讯优图的音频技术主要用于自家产品，如 QQ 音乐的听歌识曲、全民 K 歌的声伴分离、企鹅 FM 的语音合成等。优图依靠腾讯的产品基因不断将其人工智能技术推向公众。

### 4. 科大讯飞 AI 开放平台

　　科大讯飞 AI 开放平台如图 2-4 所示。

图 2-4　科大讯飞 AI 开放平台

相对于其他 AI 开放平台，科大讯飞更精于语音技术，以"云+端"方式提供智能语音能力、计算机视觉能力、自然语言理解能力、人机交互能力等相关的技术和垂直场景解决方案，致力于让产品能听会说、能看会认、能理解会思考。科大讯飞涉及的产品服务有语音识别、语音合成、语音分析、多语种技术、卡证票据文字识别、通用文字识别、人脸识别、内容审核、图像识别、自然语言处理、人机交互技术、机器翻译、语音硬件、医疗产品等。

### 2.1.2　国外四大 AI 开放平台

#### 1. 谷歌 AI 开放平台

谷歌 AI 开放平台如图 2-5 所示。

图 2-5　谷歌 AI 开放平台

自 2014 年谷歌以 5000 万美元收购英国 AI 初创公司，DeepMind 就吸引了众多媒体的关注。谷歌在人工智能领域具有明显的优势，在谷歌大脑科学中心，谷歌正在利用深度学习技术改善用户感知和多任务学习。谷歌利用人工智能技术进行国际疾病预测，以及游戏和自然语言的理解等。在机器学习方面，谷歌的 TensorFlow 并非人工智能的发源地，但却是世界上第一个开源的机器学习平台。在过去几年中，AI 项目开始出现在大众视野，并且逐渐深入人心。

### 2. 微软 AI 开放平台

微软 AI 开放平台如图 2-6 所示。

图 2-6  微软 AI 开放平台

微软公司在人工智能方面具有非常强劲的实力，其在欧洲建立了 AI 孵化器。微软 AI 开放平台在认知服务、机器学习和智能机器人领域能力突出，用户可以使用 Azure 免费账户创建由 AI 驱动的个性化体验，只需要提供电话号码、信用卡和 GitHub 账户或 Microsoft 账户，就可以使用 12 个月的免费服务（包含 Azure 认知服务）。

### 3. 亚马逊 AI 开放平台

亚马逊 AI 开放平台如图 2-7 所示。

亚马逊将人工智能平台和服务整合到 AWS（Amazon Web Services，亚马逊云计算服务）中，此类服务提供云原生的机器学习和深度学习技术以应对不同用例和需求。其中，在人工智能层面主要提供 AI 服务、AI 平台及 AI 基础设施。

AI 服务：AWS 的人工智能服务提供云端的自然语言理解（NLU）、自动语音识别（ASR）、视觉搜索和图像识别、文本转语音（TTS）及机器学习（ML）托管服务。

AI 平台：AWS 推荐使用 MXNet 作为深度学习框架，以获得高度可扩展、灵活且快速的模型训练体验。AWS 可以提供针对 CPU 和 GPU EC2 实例优化过的深度学习 AMI

和 CloudFormation 模板。

图 2-7　亚马逊 AI 开放平台

AI 基础设施：神经网络，其中涉及增加大量模型的过程。Amazon EC2 P2 实例提供功能强大的 Nvidia GPU，这大大缩短了完成这些计算所需的时间。

### 4．IBM AI 开放平台

IBM AI 开放平台如图 2-8 所示。

图 2-8　IBM AI 开放平台

IBM AI OpenScale 是一个可使公司企业在 IBM 云上使用多个 AI 框架的新平台，兼容 TensorFlow、AWS SageMaker、AzureML 及其他 AI 框架。另外，AI OpenScale 还有一个用 AI 构建新 AI 模型的系统。IBM MultiCloud Manager 是为帮助公司企业跨多个云提供商自动化及管理工作负载的新服务。而 IBM Security Connect 则基于云平台集成多个安全工具。

### 2.1.3　其他优秀的 AI 开放平台

#### 1. 云创 AI 开放平台

云创 AI 开放平台如图 2-9 所示。

图 2-9　云创 AI 开放平台

云创 AI 开放平台是基于云创多年技术沉淀打造的智能开放平台，致力于为客户提供全球领先的人工智能识别服务。

云创针对多项场景化能力与解决方案，帮助各行业快速实现 AI 升级。平台功能主要包括技术能力展示、技能演示，推理平台等。

用户通过云创 AI 开放平台可以一站式获取各类能力。其平台提供了多种细分的场景化能力和解决方案，包括人脸识别、人体识别、车辆识别、图像识别、图像处理以及视频的自然语言、处理的知识图谱等一系列能力，这些能力可以直接在产品和应用中使用。

云创依托人脸、人体、图像识别等视觉能力，针对监控场景，预置丰富的 AI 业务技能，包括以人搜人、船只检测、遗留物检测、安全帽检测、离岗/睡岗检测等。这些技能被应用在安全生产、园区管理、校园监控等丰富的业务场景中。

#### 2. Face++旷视

Face++旷视如图 2-10 所示。

Face++旷视的核心技术包括人脸识别、人体识别、证件识别、图像识别。其技术能力主要是人体识别，包括人体检测、人体属性、人体抠像、手势识别 4 种，应用于人群监控、人流量统计、人体追踪，相片抠像美化处理市场调查、广告精准投放，在线教育等领域[2]。

#### 3. 其他开放平台

其他优秀的开放平台包括华为云 AI 开放平台、网易人工智能、360 人工智能研究院、京东 AI 开放平台、小米 AI 开放平台、海康威视、云知声开放平台、搜狗 AI 开放平台、滴滴 AI 开放平台、欧拉蜜（OLAMI）AI 等。

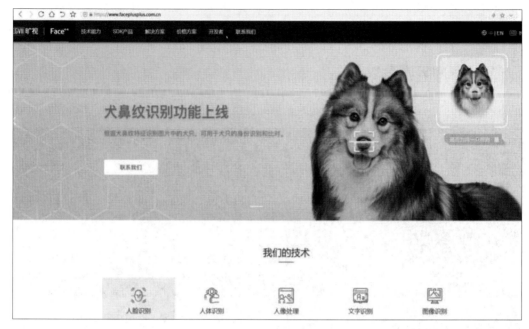

图 2-10    Face++旷视

总的来说，构建 AI 开放平台的基础首先是具备较强实力和技术积累的厂商，技术实力雄厚，在机器学习、深度学习技术上处于领先地位，并且在某些细分领域中其通用技术、底层技术实力比较雄厚。例如，在图像识别、语音识别、自然语言理解、无人驾驶等领域具有业内领先的技术实力和大量的技术积累。厂商将其积累的人工智能技术，以 API 或者 SDK 的形式开放给合作伙伴、开发者，让其不用进行基础的技术研发，能够"站在巨人的肩上"，直接开发面向用户和应用场景的系统[1]。这样开放出技术的厂商就构建了一个"插座式"的 AI 平台，基于这个平台，合作伙伴、开发者可以开发出丰富的 AI 应用[1]。

## 2.2    人工智能开放平台的对比与选择

古语云："知其然，更要知其所以然。"有了前面的 AI 开放平台的介绍，再从不同的技术领域对比这些开放平台的优劣，进而明确开发时的选择角度。

在选择开放平台时，重点要看该平台对开发人工智能应用的实际帮助，进而提升开发效率，节省开发成本。可以从几个不同的角度进行选择，包括平台接入文档是否容易理解、开放平台的使用人数等。

例如，图像识别的应用开发可以根据不同的应用场景，选择不同的开放平台。如果应用场景是国内人群，则可以优先选择国内的 AI 开放平台，因为国内的 AI 开放平台针对国内人脸做了大量的模型训练；如果是面向国外人群的应用场景，则推荐选择国外的 AI 开放平台。

### 1. 云创 AI 开放平台

其图像技术如图 2-11 所示。

图 2-11　云创 AI：图像技术

- ❑　使用人数：一般。
- ❑　平台技术能力：优秀。
- ❑　上手难易度：简单。
- ❑　推荐指数：★★★★☆

　　云创 AI 开放平台相对来说提供的技术能力会少一些，但是它在一些领域钻研得比较深入，有较为领先的技术。例如，人脸识别、车牌识别、图像识别等技术在业内都拥有较为领先的地位，文档简单易懂，遇到问题时有相应的技术人员提供技术指导。缺点是技术能力覆盖面比较小，适合初学者使用。

### 2．百度 AI 开放平台

　　其图像技术如图 2-12 所示。

| 图像识别 > | 车辆分析 > | 图像审核 > |
| --- | --- | --- |
| 通用物体和场景识别 热门 | 车型识别 热门 | 色情识别 热门 |
| 品牌logo识别 热门 | 车辆检测 | 暴恐识别 |
| 植物识别 | 车流统计 邀测 | 政治敏感识别 |
| 动物识别 | 车辆属性识别 邀测 | 广告检测 |
| 菜品识别 | 车辆损伤识别 邀测 | 恶心图像识别 |
| 地标识别 | 车辆分割 邀测 | 图像质量检测 |
| 果蔬识别 | | 图文审核 |
| 红酒识别 | 图像搜索 > | 公众人物识别 |
| 货币识别 | 相同图片搜索 | |
| 图像主体检测 | 相似图片搜索 热门 | 开发平台 |
| 翻拍识别 | 商品图片搜索 | 内容审核平台 热门 |
| 快消商品检测 邀测 | 绘本图片搜索 邀测 | EasyDL定制化图像识别 |
| | | EasyMonitor视频监控开发平台 |
| 查看客户案例 > | 私有化解决方案 > | |
| | | AI中台 > |

图 2-12　百度 AI：图像技术

- ❑　使用人数：多。
- ❑　平台技术能力：优秀。

❑ 上手难易度：稍难。

❑ 推荐指数：★★★★☆

百度在 AI 领域的布局比较完整，技术比较成熟，平台开放性也较为完善，可选择的技术较多，且大多数开放技术都有基础的免费额度。但是平台文档相对比较复杂，使用过程中遇到问题时需要提交工单等待对方技术人员的回复，对于初学者有一定的难度，且需要注册开发者账号才能使用。

### 3. 阿里云 AI 开放平台

其图像技术如图 2-13 所示。

图 2-13　阿里云 AI：图像技术

❑ 使用人数：多。

❑ 平台技术能力：优秀。

❑ 上手难易度：稍难。

❑ 推荐指数：★★★★

阿里云 AI 依托阿里顶尖的算法技术，在 AI 领域也有较强的实力，提供了按量付费、预付费资源包、预付费 QPS（query per second，每秒查询率）3 种收费模式。但是平台文档相对比较复杂，使用过程中遇到问题时需要提交工单等待对方技术人员的回复，对于初学者有一定的难度，且需要注册开发者账号才能使用。

### 4. 腾讯、科大讯飞、旷世等 AI 开放平台

❑ 使用人数：中等。

❑ 平台技术能力：中等。

❑ 上手难易度：稍难。

❑ 推荐指数：★★★★☆

腾讯、科大讯飞、旷世等 AI 平台相对来说技术覆盖面不是很完善，不过在某些领域有自己的特色技术。例如，科大讯飞的语音识别技术、旷世的人脸识别技术等都非常优秀。不过平台复杂度比较高，初学者接入难度较大。

**5. 谷歌、微软、亚马逊、IBM 等 AI 开放平台**

❑　使用人数：较少。

❑　平台技术能力：优秀。

❑　上手难易度：难。

❑　推荐指数：★★★

相较于国内的开放平台，国外平台由于地域性问题，部分开放平台需要配置 VPN 才可以访问，文档的本土化优化比较差，对初学者来说理解文档和翻阅相关资料比较困难，且由于网络限制，网络传输速度也会比较慢。在使用过程中遇到问题时，问题反馈会比较慢，不太适应国内的开发节奏。

## 参考文献

[1]　欧应刚.【人工智能】AI 平台，怎么看？怎么办？[EB/OL].（2018-01-10）[2022-04-25]. https://www.sohu.com/a/216105560_434604.

[2]　benna. 各大 AI 开放平台汇总分析[EB/OL].（2020-03-13）[2022-04-25]. https://blog.csdn.net/benna/article/details/104848422/.

第 3 章

# 图像识别

图像识别是指利用计算机对图像进行处理、分析和理解，以识别各种不同模式的目标和对象的技术，是应用深度学习算法的一种实践应用[1]。本章介绍图像识别的技术、步骤，并介绍如何通过调用人工智能开放平台构建图像识别应用。

## ⚠ 3.1 图像识别介绍

虽然人类的图像识别能力很强大，但是对于高速发展的社会，人类自身的识别能力已经满足不了需求，于是就产生了基于计算机的图像识别技术。当人们看到一个东西时，大脑会迅速判断是不是见过这个东西或者类似的东西。这个过程有点像搜索，我们把看到的东西和记忆中相同或类似的东西进行匹配，从而识别它。机器的图像识别也是类似的，通过分类并提取重要特征而排除多余的信息来识别图像。图像识别技术主要是指利用计算机按照既定目标对捕获的系统前端图片进行处理。在日常生活中，图像识别技术的应用也十分普遍，如车牌捕捉、商品条码识别及手写识别等。随着该技术的逐渐发展并不断完善，未来图像识别将具有更加广泛的应用领域。

图像识别技术分为以下几个步骤：信息获取、预处理、特征抽取和选择、分类器设计和分类决策。

信息获取是指通过传感器将光或声音等信息转化为电信息，即获取研究对象的基本信息，并通过某种方法将其转变为机器能够认识的信息。

预处理主要是指图像处理中的去噪、平滑、变换等操作，从而加强图像的重要特征。

特征抽取和选择是指在模式识别中，需要进行特征的抽取和选择。图像识别技术是以图像的主要特征为基础的，每个图像都有自己的特征，例如 A 有一个尖，D 有一个圈，J 有一个勾。多项研究表明，视线总是集中在图像的主要特征上，也就是集中在图像轮廓曲度最大或轮廓方向突然改变的地方，这些地方的信息量最大，所以在图像识别过程中，直觉机制必须排除输入的多余信息，抽出关键的信息。简单的理解就是人们所研究的图像是各式各样的，如果需要利用某种方法将它们区分开，就要通过这些图像所具有的本身特征来识别，而获取这些特征的过程就是特征抽取。在特征抽取中得到的特征也许对此次识别并不都是有用的，这时就要提取有用的特征，这就是特征的选择。特征抽取和选择在图像识别过程中是非常关键的技术之一，所以对这一步的理解是图像识别的重点。

分类器设计是指通过训练得到一张识别规则，通过此识别规则可以得到一种特征分类，使图像识别技术能够得到高识别率。分类决策是指在特征空间中对识别对象进行分类，从而更好地识别所研究的对象具体属于哪一类。

图像识别在很多领域都有应用，人类的生活已经无法离开图像识别技术。例如，交通方面的车牌识别系统；安全方面的人脸识别技术；航空方面的地形地质探查，森林、水利、海洋等资源调查，气象卫星云图处理等；军事方面的照片、指纹处理和辨识，图像修复等。

## 3.2  图像识别的过程

人工智能领域的图像识别过程如下。

### 1. 图像处理

给定一张图片，输出其类别，如图 3-1 所示。

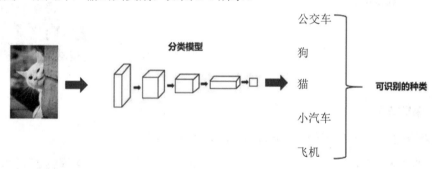

图 3-1  分类模型

### 2. 目标检测

给定一张图片，给出目标的坐标，并输出其类别，如图 3-2 所示。

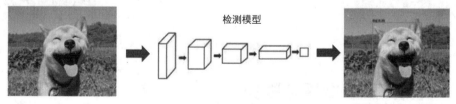

类别+坐标（$x, y, w, h$）

图 3-2  检测模型

### 3. 图像分割

给出一张图片，得到图像中各物体所在的区域，其实质是像素级的分类，如图 3-3

所示。

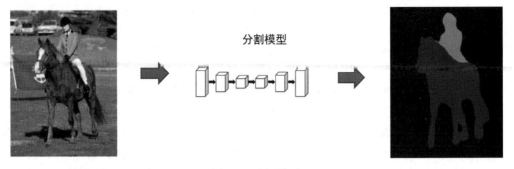

图 3-3　分割模型

### 4．图像超分辨率重建

给出一张低分辨率的图像，生成高分辨率的图像，如图 3-4 所示。

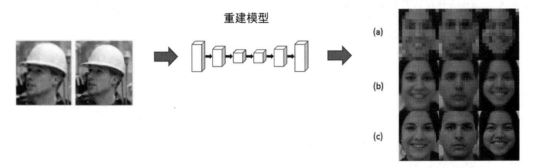

图 3-4　重建模型

### 5．图像生成

用噪声生成一批符合某种性质的图像，如图 3-5 所示。

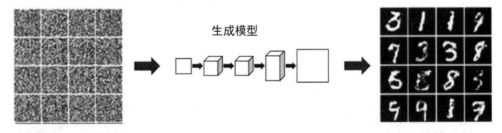

图 3-5　生成模型

## 3.3　使用人工智能平台服务

本节基于云创人工智能开放平台，介绍如何调用人工智能云平台来完成应用开发。

### 3.3.1　云创人工智能开放平台

云创人工智能开放平台（见图 3-6）的网址是 http://ai.cstor.cn/，目前包含人脸识别、人体识别、车辆识别、图像识别四大块。后续章节会一一介绍，本节主要介绍图像识别。

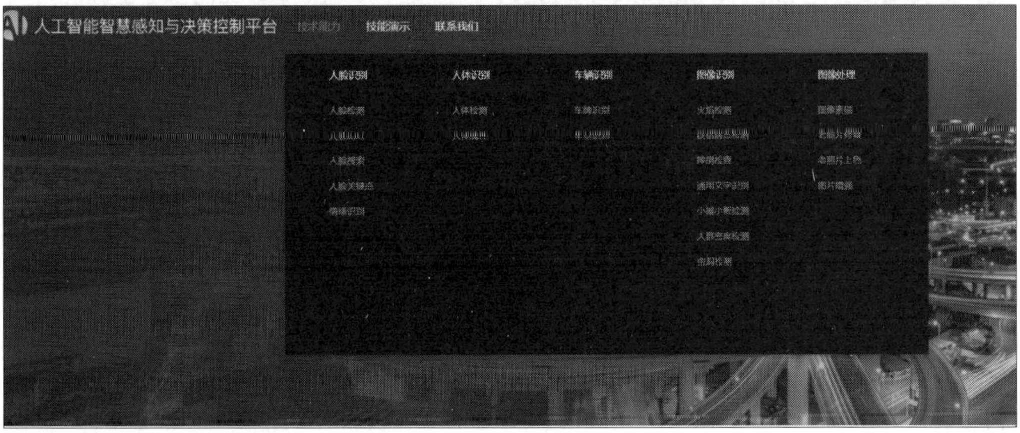

图 3-6　云创人工智能开放平台

图像识别功能包括火焰检测、铁轨病态检测、摔倒检查、通用文字识别、小摊小贩检测、人群密度检测和虫洞检测等。

API 以 RESTful 接口的形式提供。下文介绍的其他平台提供的接口都是 RESTful 形式，这里简单介绍一下 RESTful 架构。

RESTful 架构是对 MVC 架构改进后所形成的一种架构，通过使用事先定义好的接口与不同的服务联系起来。在 RESTful 架构中，浏览器使用 POST、DELETE、PUT 和 GET 4 种请求方式分别对指定的 URL 资源进行增、删、改、查操作。因此，RESTful 是通过 URL 实现对资源的管理及访问的，具有扩展性强、结构清晰的特点。

RESTful 架构将服务器分成前端服务器和后端服务器两部分。前端服务器为用户提供无模型的视图，后端服务器为前端服务器提供接口。浏览器向前端服务器请求视图，通过视图中包含的 AJAX 函数发起接口请求获取模型。

项目开发引入 RESTful 架构，有利于团队并行开发。在 RESTful 架构中，将多数超文本传输协议（hyper text transfer protocol，HTTP）请求转移到前端服务器，降低服务器的负荷，使视图即使获取后端模型失败也能呈现。但 RESTful 架构不适用于所有的项目，当项目比较小时无须使用 RESTful 架构，否则项目会变得更加复杂。

下面具体介绍 RESTful 接口是如何调用的。开发前，首先进入云创人工智能开放平台的网站，在"技术能力"菜单下选择需要调用的 API，进入文档中心，根据提示申请权限，如图 3-7 和图 3-8 所示。

### 1. 获取平台权限

描述了如何生成签名算法，平台的 HTTP API 使用签名机制对每个接口请求进行权限校验，对于校验不通过的请求，API 将拒绝处理，并返回鉴权失败错误。所以在调用平台开放的 API 之前，要先了解网站的鉴权要求。本节将对云创开放 API 鉴权方式进行介绍。

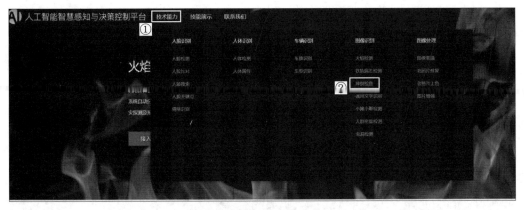

图 3-7 选择调用 API

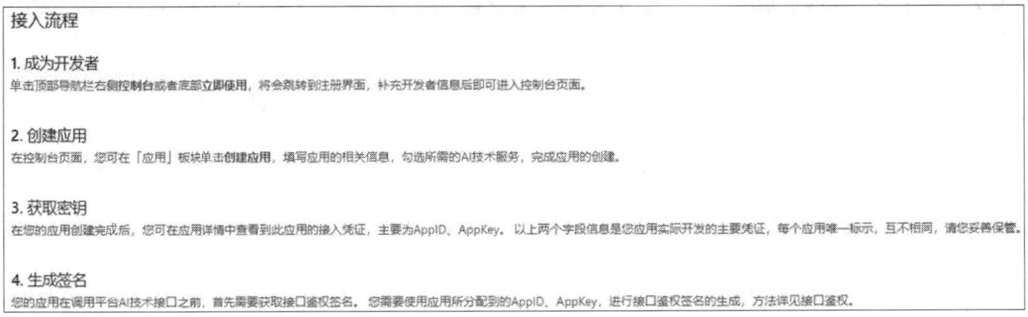

接入流程

**1. 成为开发者**
单击顶部导航栏右侧控制台或者底部立即使用,将会跳转到注册界面,补充开发者信息后即可进入控制台页面。

**2. 创建应用**
在控制台页面,您可在「应用」板块单击创建应用,填写应用的相关信息,勾选所需的AI技术服务,完成应用的创建。

**3. 获取密钥**
在您的应用创建完成后,您可在应用详情中查看到此应用的接入凭证,主要为AppID、AppKey。以上两个字段信息是您应用实际开发的主要凭证,每个应用唯一标示,互不相同,请您妥善保管。

**4. 生成签名**
您的应用在调用平台AI技术接口之前,首先需要获取接口鉴权签名。您需要使用应用所分配到的AppID、AppKey,进行接口鉴权签名的生成,方法详见接口鉴权。

图 3-8 申请权限流程

## 2. 参数详解

所有 API 都包含两部分参数:一部分是公共请求头部分,另一部分是接口本身的业务参数。业务参数包括 parameter 参数和 requestbody 参数,其中 requestbody 参数需要用 json 格式传输。

(1) HTTP 的 header 参数(公共请求头)如表 3-1 所示。

表 3-1 HTTP 的 header 参数

| 参 数 名 称 | 参 数 值 | 备 注 |
|---|---|---|
| appId | | 应用 ID |
| timestamp | | 时间戳/s |
| nonce | | 随机字符串 |
| sign | | 接口请求签名,待计算 |

(2) 业务参数(请求体部分)如表 3-2 所示。

表 3-2 业务参数

| 参 数 名 称 | 参 数 值 | 备 注 |
|---|---|---|
| param1 | | 业务参数 1 |
| param2 | | 业务参数 2 |

### 3．签名算法

**1）计算步骤**

用于计算签名的参数在不同接口之间会有差异，根据接口本身的参数进行确定，但算法过程固定为以下 4 个步骤。

（1）将请求参数（包含）对按 key 进行字典升序排序，得到有序的参数对列表。

（2）将列表中的参数对按 URL 键值对的格式拼接成字符串，得到字符串 T（如 key1=value1&key2=value2），URL 键值拼接过程 value 部分需要 URL 编码。

（3）将应用密钥以 appkey 为键名，组成 URL 键值拼接到字符串 T 末尾，得到字符串（如 key1=value1&key2=value2&appkey=密钥）。

（4）对字符串进行 MD5 运算，将得到的 MD5 值的所有字符转换成大写，得到接口请求签名。

**2）注意事项**

（1）不同接口要求的参数对不相同，计算签名使用的参数对也不相同。

（2）参数名区分大小写，参数值为空不参与签名。

（3）URL 键值拼接过程 value 部分需要 URL 编码。

（4）签名有效期为 10 min，最好的处理方式是每次请求接口时重新计算签名信息。

（5）请求参数与本地签名计算参数应保持完全一致，包括 URL 编码。

### 4．接口调用示例

（1）请求参数对按 key 进行字典升序排序。

```
/**
    * 请求参数对按 key 进行字典升序排序
    *
    * @param params
    */
public static Map keysort(Map params) {
        if (params == null || params.isEmpty()) {
            return null;
        }
        Map sortMap = new TreeMap<>(Comparator.naturalOrder());
        sortMap.putAll(params);
        return sortMap;
    }
```

（2）将参数对按 URL 键值对的格式拼接成字符串。

```
/**
    * key1=value1&key2=value2&appkey=密钥
    *
    * @param params
    * @return
    */
public static String contactEncode(Map params, String appKey) {
        if (params == null || params.isEmpty()) {
```

```
                return null;
            }
        StringBuffer sb = new StringBuffer();
        params.forEach((key, value) -> {
            try {
                if (value instanceof ArrayList) {
                    ArrayList objects = (ArrayList) value;
                    for (Object obj : objects) {
                        String str = String.valueOf(obj);
                        sb.append(key).append("=").append(URLEncoder.encode(str,
                            DEFAULT_CHARSET)).append("&");
                    }
                    return;
                }
                if (value != null && value != "") {

sb.append(key).append("=").append(URLEncoder.encode(String.valueOf(value),
                    DEFAULT_CHARSET)).append("&");
                }
            } catch (UnsupportedEncodingException e) {
                e.printStackTrace();
            }
        });
        sb.append("appkey").append("=").append(appKey);
        return sb.toString();
    }
```

（3）对字符串进行 MD5 运算，并转成大写。

```
/**
     * 对字符串进行 MD5 运算，并转成大写
     *
     * @param str
     * @return
     */
    public static String md5(String str) {
        try {
            MessageDigest md = MessageDigest.getInstance("MD5");
            md.update(str.getBytes());
            byte[] b = md.digest();
            int temp;
            StringBuffer sb = new StringBuffer("");
            for (int offset = 0; offset < b.length; offset++) {
                temp = b[offset];
                if (temp < 0) temp += 256;
                if (temp < 16) sb.append("0");
                sb.append(Integer.toHexString(temp));
            }
            str = sb.toString().toUpperCase();
        } catch (NoSuchAlgorithmException e) {
            e.printStackTrace();
```

```
        }
        return str;
    }
```

（4）计算获取签名 sign 值。

```
/**
    * 计算获取签名 sign 值
    *
    * @param params  参数列表，包含业务参数以及 header 参数
    * @param appKey  应用密钥
    * @return
    */
public static String getSign(Map params, String appKey) {
    if (params == null || params.isEmpty()) {
        return null;
    }
    return md5(contactEncode(keysort(params), appKey));
}
```

5．测试

```
public static void main(String[] args) {
        Map<String, String> params = new HashMap<>();
        // header 参数
        String appId = "10000000";
        String appKey = "a95eb1ac80f7d912bf";
        String nonce = "123456";
        params.put("appId", appId);
        long timestamp = System.currentTimeMillis() / 1000;
        params.put("timestamp", String.valueOf(timestamp));
        params.put("nonce", nonce);
        // 业务参数
        params.put("param1", "param1");
        params.put("param2", "param2");
        System.out.println(getSign(params, appKey));
    }
```

### 3.3.2　火焰识别

火焰识别技术通过分析监控摄像头实时采集的画面，监控广大区域，尤其是容易发生火灾的场所，能够自动分析、识别视频图像内的火焰、烟雾，在极短的时间内完成火灾探测并产生警告信息，大大缩短了火灾告警时间。火焰识别技术具有非接触式探测的特点，不受空间高度、热障、易爆、有毒等环境条件的限制，适用于室内大空间、室外以及传统探测手段失效的特殊场所。火焰识别技术还可以实现无人值守的不间断工作，一旦发现着火区域，能够提前报警，可以有效防止火情的产生，大大减少财产损失和人员伤亡，并且远程提供实时视频，根据直观的画面直接指挥调度救火[1]，如图 3-9所示。

图 3-9　火焰识别

### 1. 算法分析

火焰的图像识别，主要围绕火焰的颜色、运动、几何与纹理 4 种特征进行识别。这些特征可以用传统的算法计算，也可以交由卷积神经网络提取。火焰具有其独特的颜色特征。不同的燃烧材料会有不同的火焰颜色，在一般的火灾情景中，火焰像素点的颜色主要分布在橙黄色到白色之间。为了描述火焰像素点的颜色分布情况，可以建立一个统计学的模型，称为火焰颜色模型。通过火焰颜色模型，可以将图像中颜色与火焰相似的区域提取出来。这是最为简单有效的提取火焰区域的方法。

建立火焰颜色模型的方法如下。

1）基于规则的方法

关于火焰像素点各分量间的规律，在各个颜色空间均提出了对火焰像素点的识别规则，图 3-10 所示为火焰图像与 RGB 空间规则的输出图像。RGB 空间规则为：$R>G>B$，$R>RT$。HSV 颜色空间规则为：$S>(255-R)*S\ Threshold/R\ Threshold$。YCrCb 颜色空间规则为：$Y(x,y)>Cb(x,y),Cr(x,y)>Cb(x,y),Y(x,y)>Ymean,Cb(x,y)<Cbmean,Cr(x,y)<Crmean,Cb(x,y)-Cr(x,y)\geqslant\tau$。基于规则的方法优点在于算法简单，图像处理速度快。

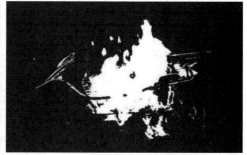

图 3-10　火焰图像与 RGB 空间规则的输出图像

2）基于机器学习的方法

用机器学习分类器（如 K-NN、朴素贝叶斯等分类器）或神经网络、机器学习聚类等算法（如 EM 算法）训练一个高斯混合模型，也可以应用于构建火焰颜色模型。

## 2. 应用的开发

火焰有着与众不同的特征，它的颜色、温度、形状以及跳动的形式都可以作为识别的依据。下面将从火焰的静态特征和动态特征两方面入手进行火焰识别。对于输入的一张图片，识别图像中的火和烟。

1）接口规范分析

请求说明。HTTP 方法如下。

POST

请求 URL 的方法如下。

http://ai.cstor.cn/api/fire

API 包含两部分参数：一部分是公共请求头部分，另一部分是接口本身的业务参数。业务参数使用 json 格式传输。

HTTP 的 header 参数如表 3-3 所示。

表 3-3　HTTP 的 header 参数

| 参 数 名 称 | 类　　型 | 说　　明 |
| --- | --- | --- |
| appId | string | 应用 ID |
| timestamp | string | 时间戳/s |
| nonce | string | 随机字符串 |
| sign | string | 接口请求签名，待计算 |

请求参数如表 3-4 所示。

表 3-4　请求参数

| 参 数 名 称 | 是 否 必 选 | 类　　型 | 可选值范围 | 说　　明 |
| --- | --- | --- | --- | --- |
| img | 是 | string | — | 图像数据，base64 编码后进行 urlencode 编码，要求 base64 编码和 urlencode 编码后大小不超过 4 MB。图片的 base64 编码是包含图片头的，如 data:image/jpg;base64，支持 jpg、bmp、png 图片格式，最短边至少为 50 px，最长边最大为 4096 px |

返回说明，返回参数如表 3-5 所示。

表 3-5　返回参数

| 返回值名称 | 类　　型 | 描　　述 |
| --- | --- | --- |
| code | int | 返回结果，0 表示成功，非 0 表示对应错误号 |
| msg | string | 返回描述 |
| status | string | 返回状态，yes 表示有火焰，no 表示无火焰 |
| data | object | 返回的数据见下文 |

data 参数如表 3-6 所示。

表 3-6  data 参数

| 返回值名称 | 类型 | 描述 |
|---|---|---|
| type | string | 坐标类型。fire：火；smoke：烟 |
| prob | string | 置信度（0~1，数值越大，置信度越高） |
| x | int | 火焰 $x$ 坐标（以图片左上角为原点） |
| y | int | 火焰 $y$ 坐标（以图片左上角为原点） |
| width | int | 火焰宽度 |
| height | int | 火焰高度 |

返回示例如下。

```
{
    "code": 0,
    "msg": "success",
    "status": "yes",
    "data": [
        {
            "prob": "0.998828",
            "x": 262,
            "width": 330,
            "y": 12,
            "type": "fire",
            "height": 398
        },
        {
            "prob": "0.928328",
            "x": 250,
            "width": 340,
            "y": 0,
            "type": "smoke",
            "height": 410
        }
    ]
}
```

经分析后可知，POST 请求方式需要传两部分参数，返回的数据包括是否有火、是否有烟。下面开始进入开发阶段。

2）代码编写

（1）导入相关依赖。

这里要用到 httpclient 和 fastjson 的依赖，在 pom.xml 文件的标签<dependencies>和标签</dependencies>之间添加如下依赖。这时项目会自动将引入的包下载到本地。

```
<dependency>
<groupId>org.apache.httpcomponents</groupId>
<artifactId>httpclient</artifactId>
<version>4.5.2</version>
</dependency>
<dependency>
```

```
<groupId>com.alibaba</groupId>
<artifactId>fastjson</artifactId>
<version>1.2.31</version>
</dependency>
```

（2）集成与火焰识别相关接口的类 FireController。

首先创建一个 Spring Boot 项目（参考第 1 章的内容），然后在 com.example.demo 下新建一个名为 controller 的包，并在 com.example.demo.controller 下新建一个名为 FireController 的类，代码如下。

```
package com.example.demo.controller;

import org.springframework.web.bind.annotation.CrossOrigin;
import org.springframework.web.bind.annotation.RequestMapping;
import org.springframework.web.bind.annotation.RestController;

import io.swagger.annotations.Api;

@Api(description = "火焰识别")
@RestController
@RequestMapping("/fire")
@CrossOrigin
public class FireController {

}
```

3）测试

在 FireController 中创建一个测试接口，命名为/cstor，实现云创人工智能开放平台提供的接口的调用，代码如下。

```
@ApiOperation(value = "云创接口")
@ApiImplicitParams({
@ApiImplicitParam(paramType = "query", name = "appId", value = "腾讯云开放平台获取到的 AppId", dataType = "string"),
@ApiImplicitParam(paramType = "query", name = "appKey", value = "腾讯云开放平台获取到的 AppKey", dataType = "string") })
@PostMapping(value = "/cstor", headers = "content-type=multipart/form-data", consumes = "multipart/*")
private Result cstor(@ApiParam(value = "文件大小不得大于 3MB", required = true) MultipartFile file, String appId, String appKey) {
String filename = file.getOriginalFilename();
//判断文件后缀
String suffix = filename.substring(filename.lastIndexOf(".") + 1);
if (!suffix.equals("jpg") && !suffix.equals("jpeg") && !suffix.equals("png")) {
    return new Result(false, "格式不对，请上传格式为 jpg/jpeg/png 的图片");
}

//将图片通过 base64 加密
String fileBase64 = "data:image/jpg;base64,";
try {
```

```java
        fileBase64 = "data:image/jpg;base64," +
Base64.getEncoder().encodeToString(file.getBytes());
    } catch (Exception e) {
        return new Result(false, e.getMessage());
    }

//生成接口鉴权签名
Map<String, String> params = new HashMap<>();
params.put("appId", appId);
params.put("img", fileBase64);
String timestamp = String.valueOf(System.currentTimeMillis() / 1000);
params.put("timestamp", timestamp);
String nonce = "123456";
params.put("nonce", nonce);
String sign = TencentAiSignUtil.getSign(params, appKey);

CloseableHttpClient httpClient = HttpClients.createDefault();
HttpPost httpPost = new HttpPost("http://ai.cstor.cn/api/fire");
//添加 header 参数
Map<String, String> headerMap = new HashMap<String, String>();
headerMap.put("appId", appId);
headerMap.put("timestamp", timestamp);
headerMap.put("nonce", nonce);
headerMap.put("sign", sign);
Iterator<Entry<String, String>> headerIterator = headerMap.entrySet().iterator();
while (headerIterator.hasNext()) {
    Entry<String, String> elem = (Entry<String, String>) headerIterator.next();
    httpPost.addHeader(elem.getKey(), elem.getValue());
}

JSONObject json = new JSONObject();
json.put("img", fileBase64);
StringEntity entity = new StringEntity(json.toJSONString(), "utf-8");
entity.setContentEncoding("utf-8");
entity.setContentType("application/json");
httpPost.setEntity(entity);
try {
    CloseableHttpResponse result = httpClient.execute(httpPost);
    if (result.getStatusLine().getStatusCode() == HttpStatus.SC_OK) {
        JSONObject jsonResult =
JSONObject.parseObject(EntityUtils.toString(result.getEntity(), "utf-8"));
        if (jsonResult.getJSONObject("data").get("code").equals(0)) {
            return new Result(true, jsonResult.getJSONObject("data").get("data"));
        } else {
            return new Result(false, jsonResult.getJSONObject("data").get("msg"));
        }
    } else {
        return new Result(false, "接口未响应");
    }
} catch (Exception e) {
    return new Result(false, e.getMessage());
```

```
    }
  }
```

4）后端接口测试

启动项目成功后，在浏览器中访问 http://localhost:8080/demo/swagger-ui.html，选择接口/fire/cstor，传入测试图片及相关参数，单击 Try it out!按钮，即可得到测试结果，如图 3-11 所示。

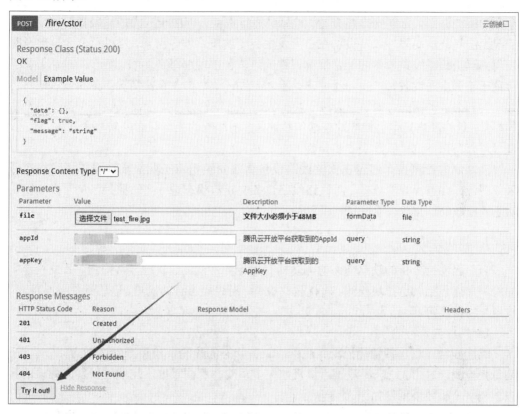

图 3-11　火焰识别：swagger 接口测试

示例结果如图 3-12 所示。

```
Response Body
      {
        "flag": true,
        "message": null,
        "data": [
          {
            "prob": "0.981432",
            "x": 21,
            "width": 958,
            "y": 0,
            "type": "fire",
            "height": 622
          }
        ]
      }
```

图 3-12　火焰识别：接口测试返回示例

此时，一个简单的火焰识别的例子就完成了，通过返回的数据，还能做一些前端的可视化。

### 3.3.3 铁轨病态检测

铁路轨道设备常年裸露在露天环境中，在恶劣天气和列车负载的作用下，设备技术状态不断发生变化，而其状态的好坏直接影响着铁路线路的安全。尽管有关部门已制订全面的维护计划，定期安排巡线员、检修员进行巡检，但由于人力的局限性、现场巡检情况无法复核的局限性以及设备在白天发生突变的概率性等因素，难以百分之百地及时发现并解决铁路线路设备的异常情况。铁轨可能会出现瞎缝、塌陷、蠕变等病害缺陷，导致车轮每次通过时都产生一次冲击，随之产生一个数倍于正常情况下的负载，铁轨会因此受到很大的压力，损伤也会进一步扩大。而且铁轨并不能全部吸收这种由冲击产生的能量，这些冲击能量会持续地传递给线路，固定位置的损伤会影响轨垫和枕木，最后，造成道床局部下沉，铁路失去稳定性。

铁轨病态检测技术通过在铁路线路设备前端安装定点工业级高清智能摄像机实时采集图像，并进行智能分析，对铁路线路设备的异常状态进行实时监控，从而提高铁路轨道巡检效率，排除安全隐患[2]。

#### 1. 算法分析

当前已支持分析的铁路病态检测功能有螺栓异常检测、轨缝异常检测。开发完善中的检测功能包括轨道掉块检测、轨枕裂纹检测、沿线标志异常检测、联结部件异常检测、轨道异物检测等。

1）螺栓异常检测

螺栓异常检测包括螺栓松动、脱落、缺失状态的检测，检测准确率为 93.72%，平均每张检测耗时 0.31 s。经测试，该模型在多角度、不同尺度下均能够识别出螺栓的状态。模型分析效果示例如图 3-13 所示。

图 3-13　螺栓异常检测

图 3-13　螺栓异常检测（续）

2）轨缝异常检测

轨缝异常检测包括轨缝过大、轨缝顶死状态的检测，检测准确率为 92.4%，平均每张检测耗时 0.4 s，如图 3-14 所示。

图 3-14　轨缝异常检测

3）可定制实现功能

（1）轨道掉块检测，如图3-15所示。

图3-15 轨道掉块检测

（2）轨枕裂纹检测（包括横纹、纵纹），如图3-16所示。

图3-16 轨枕裂纹检测

（3）沿线标志异常检测（包括标志歪斜、模糊淡化等）。

（4）联结部件异常检测（包括护轨插片病态、轨距块病态等）。

（5）轨道异物检测等（电子围栏人员闯入检测、轨道异物检测等）。

## 2．应用的开发

1）接口规范分析

请求说明。HTTP方法如下。

POST

请求URL方法如下。

http://ai.cstor.cn/api/rail

API 包含两部分参数：一部分是公共请求头部分，另一部分是接口本身的业务参数。业务参数使用 json 格式传输。

HTTP 的 header 参数如表 3-7 所示。

表 3-7　HTTP 的 header 参数

| 参 数 名 称 | 类 型 | 说 明 |
| --- | --- | --- |
| appId | string | 应用 ID |
| timestamp | string | 时间戳/s |
| nonce | string | 随机字符串 |
| sign | string | 接口请求签名，待计算 |

请求参数如表 3-8 所示。

表 3-8　请求参数

| 参 数 名 称 | 是 否 必 选 | 类 型 | 可选值范围 | 说 明 |
| --- | --- | --- | --- | --- |
| img | 是 | string | — | 图像数据，base64 编码后进行 urlencode 编码，要求 base64 编码和 urlencode 编码后大小不超过 4 MB。图片的 base64 编码是包含图片头的，如 data:image/jpg;base64；支持的图片格式有 jpg、bmp、png；最短边至少为 50 px，最长边最大为 4096 px |

返回参数如表 3-9 所示。

表 3-9　返回参数

| 返回值名称 | 类 型 | 描 述 |
| --- | --- | --- |
| code | int | 返回结果，0 表示成功，非 0 表示对应错误号 |
| msg | string | 返回描述 |
| data | object | 返回的数据见下文 |

data 参数如表 3-10 所示。

表 3-10　data 参数

| 返回值名称 | 类 型 | 描 述 |
| --- | --- | --- |
| status | string | 螺帽状态，yes 表示正常，no 表示异常 |
| x | int | 螺帽 $x$ 坐标（以图片左上角为原点） |
| y | int | 螺帽 $y$ 坐标（以图片左上角为原点） |
| width | int | 螺帽宽度 |
| height | int | 螺帽高度 |

返回示例如下。

```
{
    "code": 0,
    "msg": "success",
    "data": [
```

```
      {
          "x": 2724,
          "width": 107,
          "y": 1352,
          "status": "no",
          "height": 92
      },
      {
          "x": 1852,
          "width": 97,
          "y": 1169,
          "status": "yes",
          "height": 95
      }
    ]
}
```

2）代码编写

（1）集成与铁轨病态检测相关接口的类 RailController。

在 com.example.demo.controller 下新建一个名为 RailController 的类，代码如下。之前的步骤参考 3.3.2 节。

```
package com.example.demo.controller;

import org.springframework.web.bind.annotation.CrossOrigin;
import org.springframework.web.bind.annotation.RequestMapping;
import org.springframework.web.bind.annotation.RestController;

import io.swagger.annotations.Api;

@Api(description = "铁轨病态检测")
@RestController
@RequestMapping("/rail")
@CrossOrigin
public class RailController {

}
```

（2）接口调用。

在 RailController 中创建一个测试接口，命名为/cstor，实现云创人工智能开放平台提供的接口的调用，代码如下。接口鉴权签名的生成及相关依赖的导入参考 3.3.2 节。

```
@ApiOperation(value = "云创接口")
@ApiImplicitParams({
@ApiImplicitParam(paramType = "query", name = "appId", value = "腾讯云开放平台获取到的
AppId", dataType = "string"),
@ApiImplicitParam(paramType = "query", name = "appKey", value = "腾讯云开放平台获取到
的 AppKey", dataType = "string") })
@PostMapping(value = "/cstor", headers = "content-type=multipart/form-data", consumes =
"multipart/*")
```

```java
private Result cstor(@ApiParam(value = "文件大小不得大于 3MB", required = true) MultipartFile
file, String appId, String appKey) {
String filename = file.getOriginalFilename();
//判断文件后缀
String suffix = filename.substring(filename.lastIndexOf(".") + 1);
if (!suffix.equals("jpg") && !suffix.equals("jpeg") && !suffix.equals("png")) {
    return new Result(false, "格式不对，请上传格式为 jpg/jpeg/png 的图片");
}

//将图片通过 base64 加密
String fileBase64 = "data:image/jpg;base64,";
try {
    fileBase64 = "data:image/jpg;base64," +
Base64.getEncoder().encodeToString(file.getBytes());
} catch (Exception e) {
    return new Result(false, e.getMessage());
}

//生成接口鉴权签名
Map<String, String> params = new HashMap<>();
params.put("appId", appId);
params.put("img", fileBase64);
String timestamp = String.valueOf(System.currentTimeMillis() / 1000);
params.put("timestamp", timestamp);
String nonce = "123456";
params.put("nonce", nonce);
String sign = TencentAiSignUtil.getSign(params, appKey);

CloseableHttpClient httpClient = HttpClients.createDefault();
HttpPost httpPost = new HttpPost("http://ai.cstor.cn/api/rail");
//添加 header 参数
Map<String, String> headerMap = new HashMap<String, String>();
headerMap.put("appId", appId);
headerMap.put("timestamp", timestamp);
headerMap.put("nonce", nonce);
headerMap.put("sign", sign);
Iterator<Entry<String, String>> headerIterator = headerMap.entrySet().iterator();
while (headerIterator.hasNext()) {
    Entry<String, String> elem = (Entry<String, String>) headerIterator.next();
    httpPost.addHeader(elem.getKey(), elem.getValue());
}

JSONObject json = new JSONObject();
json.put("img", fileBase64);
StringEntity entity = new StringEntity(json.toJSONString(), "utf-8");
entity.setContentEncoding("utf-8");
entity.setContentType("application/json");
httpPost.setEntity(entity);
try {
    CloseableHttpResponse result = httpClient.execute(httpPost);
    if (result.getStatusLine().getStatusCode() == HttpStatus.SC_OK) {
```

```
                    JSONObject jsonResult =
JSONObject.parseObject(EntityUtils.toString(result.getEntity(), "utf-8"));
            if (jsonResult.getJSONObject("data").get("code").equals(0)) {
                return new Result(true, jsonResult.getJSONObject("data").get("data"));
            } else {
                return new Result(false, jsonResult.getJSONObject("data").get("msg"));
            }
        } else {
            return new Result(false, "接口未响应");
        }
    } catch (Exception e) {
        return new Result(false, e.getMessage());
    }
}
}
```

3）测试

启动项目成功后，在浏览器中访问 http://localhost:8080/demo/swagger-ui.html，选择接口/rail/cstor，传入测试图片及相关参数，单击 Try it out!按钮，即可得到测试结果，如图 3-17 所示。

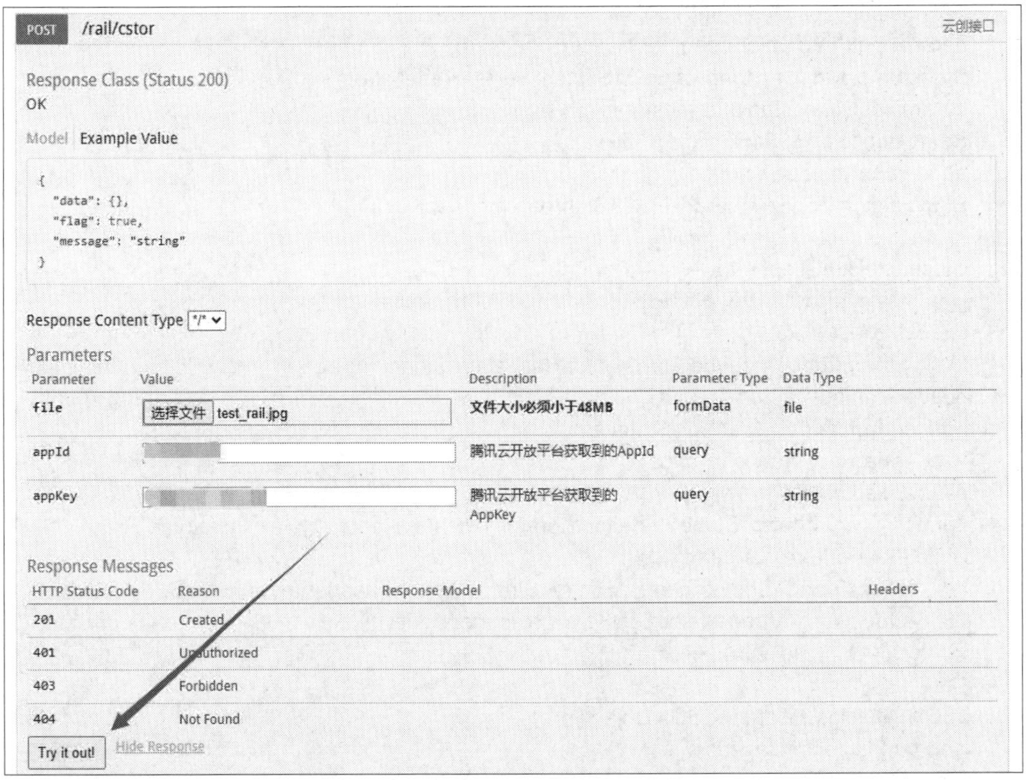

图 3-17　铁轨病态检测：swagger 接口测试

示例结果如图 3-18 所示。

```
Response Body

{
  "flag": true,
  "message": null,
  "data": [
    {
      "x": 61,
      "width": 54,
      "y": 678,
      "status": "yes",
      "height": 48
    }
  ]
}
```

图 3-18　铁轨病态检测：接口测试返回示例

# 习题

1. 什么是图像识别?
2. 传统的图像识别有哪几个步骤?
3. 如何新建一个 Spring Boot 项目?
4. 铁轨病态检测的原理是什么?
5. 火焰识别云创接口的 header 参数有哪些?

# 参考文献

[1] 蔡春花，王峰. 基于深度学习的图像识别研究[EB/OL].（2018-09-20）[2022-04-25]. https://xuewen.cnki.net/CJFD-DZZN201809002.html.

[2] CELIK T, DEMIREL H. Fire detection in video sequences using a generic color model[J]. Fire Safety Journal, 2009, 44(2): 147-158.

# 第 4 章

# 人脸识别

人脸识别是人们日常生活中最常用的身份确认手段，也是当前最热门的识别模式研究课题之一。虽然人脸识别的准确性低于虹膜识别和指纹识别，但由于它是非接触的识别方式，因此人们对这种技术没有明显的排斥心理，也就是说，人脸识别技术是一种友好的生物特征识别技术。特别是在疫情期间，非接触式的识别模式受到人们的广泛关注。人脸识别作为目前最好的非接触识别方式显得尤其重要。本章我们就来一起认识一下人脸识别。

## 4.1 人脸识别介绍

### 4.1.1 人脸识别的概念

人脸识别是基于人的脸部特征信息进行身份识别的一种生物识别技术。用摄像机或摄像头采集含有人脸的图像或视频流，并自动在图像中检测和跟踪人脸，进而对检测到的人脸进行脸部识别的一系列相关技术，通常也叫作人像识别、面部识别[1]。

### 4.1.2 人脸识别的原理

人脸识别系统主要包括 4 个组成部分，分别为人脸图像采集及检测、人脸图像预处理、人脸图像特征提取以及人脸图像匹配与识别，如图 4-1 所示。

#### 1. 人脸图像采集及检测

人脸图像采集：不同的人脸图像都能通过摄像头采集下来，例如静态图像、动态图像、不同的位置、不同表情等都可以得到很好的采集。当用户在采集设备的拍摄范围内时，采集设备会自动搜索并拍摄用户的人脸图像[2]。

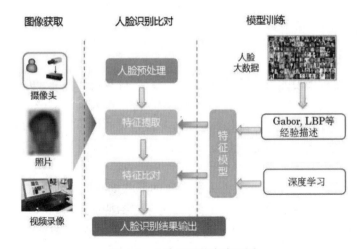

图 4-1　人脸识别基本流程图

人脸检测：人脸检测在实际中主要用于人脸识别的预处理，即在图像中准确标定出人脸的位置和大小。人脸图像中包含的模式特征十分丰富，如直方图特征、颜色特征、模板特征、结构特征及 Haar 特征等。人脸检测就是把其中有用的信息挑出来，并利用这些特征实现人脸检测，如图 4-2 所示。

图 4-2　人脸检测结果

主流的人脸检测方法基于以上特征采用 Adaboost 算法。Adaboost 算法是一种用于分类的方法，它把一些比较弱的分类方法合在一起，组合出新的很强的分类方法。

人脸检测过程中使用 Adaboost 算法挑选出一些最能代表人脸的矩形特征（弱分类器），按照加权投票的方式将弱分类器构造为一个强分类器，再将训练得到的若干强分类器串联，组成一个级联结构的层叠分类器，有效地提高了分类器的检测速度。

## 2．人脸图像预处理

人脸图像预处理是基于人脸检测结果，对图像进行处理并最终服务于特征提取的过程。系统获取的原始图像由于受到各种条件的限制和随机干扰，往往不能直接使用，必须在图像处理的早期阶段对其进行灰度校正、噪声过滤等图像预处理[3]。对于人脸图像而言，其预处理过程主要包括人脸图像的光线补偿、灰度变换、直方图均衡化、归一化、几何校正、滤波以及锐化等。

### 3．人脸图像特征提取

人脸识别系统可使用的特征通常分为视觉特征、像素统计特征、人脸图像变换系数特征、人脸图像代数特征等。人脸图像特征提取就是针对人脸的某些特征进行的。人脸图像特征提取又称人脸表征，它是对人脸进行特征建模的过程。人脸图像特征提取的方法归纳起来分为两大类：一类是基于知识的表征方法；另一类是基于代数特征或统计学习的表征方法[4]。

基于知识的表征方法主要是根据人脸器官的形状描述以及它们之间的距离特性来获得有助于人脸分类的特征数据，其特征分量通常包括特征点间的欧氏距离、曲率和角度等[5]。人脸由眼睛、鼻子、嘴、下巴等局部构成，对这些局部和它们之间结构关系的几何描述，可作为识别人脸的重要特征。这些特征被称为几何特征。基于知识的人脸表征主要包括基于几何特征的方法和模板匹配法。

### 4．人脸图像匹配与识别

将提取的人脸图像的特征数据与数据库中存储的特征模板进行搜索匹配，这里会设定一个阈值，当相似度超过这一阈值时，就把匹配得到的结果输出[6]。人脸识别就是将待识别的人脸特征与已得到的人脸特征模板进行比较，根据相似程度对人脸的身份信息进行判断。这一过程又分为两类：一类是确认，是一对一进行图像比较的过程；另一类是辨认，是一对多进行图像匹配对比的过程[7]。

## 4.2  人脸检测

人脸检测功能能够检测出图片中的人脸并返回位置信息。本书中，人脸检测功能使用的方式是调用手机自带的摄像头，即获取摄像头的实时视频流，通过获取摄像头的帧数据，获取当前帧的人脸信息。本书使用的是 camera 相机，不是全脸的人脸检测，只是眼睛的检测，返回的信息有眼睛之间的距离、人脸的可信度等。根据眼睛之间的距离和预览视图的大小，通过自定义 View 绘制人的脸框并检测人脸的对应位置。

根据谷歌的要求，Android 6.0 系统之后，包括相机权限在内的一些权限除了在清单文件（AndroidManifest.xml）内注册，还必须要通过申请才能获取，所以在正式代码开始之前，我们先要申请相机的对应权限。

### 4.2.1  添加权限

在 app 文件夹中有 AndroidManifest.xml 文件，我们需要在清单文件中注册对应的相机权限。其代码如下。

```
<!--摄像头权限，用于调用相机-->
<uses-permission android:name="android.permission.CAMERA" />
<uses-feature android:name="android.hardware.camera" />
<!--自动对焦-->
<uses-feature android:name="android.hardware.camera.autofocus" />
```

## 4.2.2 代码申请对应权限

```
//初始化权限数组（申请相机权限）
private String[] permissions = new String[]{Manifest.permission.CAMERA};
//返回 code，便于在 onRequestPermissionsResult 回调方法中根据 code 进行判断
private static final int OPEN_SET_REQUEST_CODE = 100;
//调用此方法判断应用是否拥有对应权限
private void initPermissions(){
    if (lacksPermission()){//判断是否拥有权限
        //请求权限，第二个参数是 String 数据，第三个参数是请求码，便于在
        //onRequestPermissionsResult 方法中根据 code 进行判断

    ActivityCompat.requestPermissions(this,permissions,OPEN_SET_REQUEST_CODE);
    } else {
        //拥有权限执行操作
    }
}
//如果返回 true，则表示缺少权限
public boolean lacksPermission() {
    for (String permission : permissions) {
        //判断是否缺少权限，true 表示缺少权限
        if(ContextCompat.checkSelfPermission(this, permission) != PackageManager.
PERMISSION_GRANTED){
            return true;
        }
    }
    return false;
}
/**
 * 重构权限申请回调
 */
@Override
public void onRequestPermissionsResult(int requestCode, @NonNull String[] permissions,
@NonNull int[] grantResults) {
    super.onRequestPermissionsResult(requestCode, permissions, grantResults);

    switch (requestCode){//响应 Code
        case OPEN_SET_REQUEST_CODE:
            if (grantResults.length > 0) {
                //循环判断权限组是否完全申请
                for(int i = 0; i < grantResults.length; i++){
                    if(grantResults[i] !=
PackageManager.PERMISSION_GRANTED){
//Toast 是 Android 中用于显示信息的一种机制，和 Dialog 不一样的是，Toast 是没有焦点的，
//而且 Toast 显示的时间有限，经过一定的时间就会自动消失
                        Toast.makeText(this,"未拥有相应权限",
Toast.LENGTH_LONG).show();
                        return;
                    }
                }
```

```
                    //拥有权限执行操作
            } else {
                Toast.makeText(this,"未拥有相应权限",Toast.LENGTH_LONG).show();
            }
            break;
    }
}
```

通过上述代码判断用户是否获取对应权限，如果用户拥有权限，则进入人脸检测界面。
Mainactivity 界面布局如下。

```xml
<?xml version="1.0" encoding="utf-8"?>
<androidx.constraintlayout.widget.ConstraintLayout
xmlns:android="http://schemas.android.com/apk/res/android"
    xmlns:app="http://schemas.android.com/apk/res-auto"
    xmlns:tools="http://schemas.android.com/tools"
    android:layout_width="match_parent"
    android:layout_height="match_parent"
    tools:context=".MainActivity">
    <GridLayout
        android:layout_width="match_parent"
        android:layout_height="wrap_content"
        android:columnCount="1"
        android:padding="20dp"
        android:rowCount="5"
        app:layout_constraintBottom_toBottomOf="parent"
        app:layout_constraintTop_toTopOf="parent">
        <Button
            android:id="@+id/bt_detection"
            android:layout_width="match_parent"
            android:layout_height="wrap_content"
            android:text="人脸检测" />
    </GridLayout>
</androidx.constraintlayout.widget.ConstraintLayout>
```

Mainactivity 源代码：报红的地方需要按 Alt+Enter 组合键，导入对应的包，如图 4-3
所示。

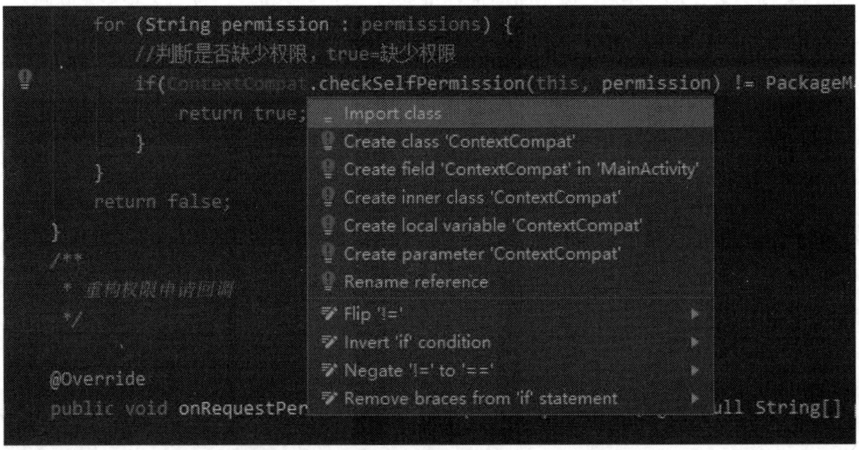

图 4-3　Android Studio 导包提示

```java
public class MainActivity extends AppCompatActivity implements View.OnClickListener {

    private static String TAG = "MainActivity";
    //权限数组（申请定位）
    private String[] permissions = new String[]{Manifest.permission.CAMERA};

    @Override
    protected void onCreate(Bundle savedInstanceState) {
        super.onCreate(savedInstanceState);
        setContentView(R.layout.activity_main);
        initView();
        initPermissions();
    }
    private void initView() {
        Button btDetection = findViewById(R.id.bt_detection);
        btDetection.setOnClickListener(this);//人脸检测按钮单击事件
    }
    /**
     * 注册单击事件
     */
    @Override
    public void onClick(View v) {
        switch (v.getId()){
            case R.id.bt_detection:{//人脸检测
                initPermissions();
                break;
            }
        }
    }


    //返回 code
    private static final int OPEN_SET_REQUEST_CODE = 100;

    //调用此方法判断是否拥有权限
    private void initPermissions(){
        if (lacksPermission()){//判断是否拥有权限
            //请求权限，第二个参数是 String 数据，第三个参数是请求码，便于在
            //onRequestPermissionsResult 方法中根据 code 进行判断
            ActivityCompat.requestPermissions(this,
permissions,OPEN_SET_REQUEST_CODE);
        } else {
            //拥有权限执行操作
        }
    }
    //如果返回 true，则表示缺少权限
    public boolean lacksPermission() {
        for (String permission : permissions) {
            //判断是否缺少权限，true 表示缺少权限
            if(ContextCompat.checkSelfPermission(this, permission) != PackageManager.
PERMISSION_GRANTED){
                return true;
```

```
            }
        }
        return false;
    }
    /**
     * 重构权限申请回调
     */
    @Override
    public void onRequestPermissionsResult(int requestCode, @NonNull String[] permissions,
@NonNull int[] grantResults) {
        super.onRequestPermissionsResult(requestCode, permissions, grantResults);

        switch (requestCode){//响应 Code
            case OPEN_SET_REQUEST_CODE:
                if (grantResults.length > 0) {
                    //循环判断权限组是否完全申请
                    for(int i = 0; i < grantResults.length; i++){
                        if(grantResults[i] !=
PackageManager.PERMISSION_GRANTED){
                            Toast.makeText(this,"未拥有相应权限",
Toast.LENGTH_LONG).show();
                            return;
                        }
                    }
                    //拥有权限执行操作
                } else {
                    Toast.makeText(this,"未拥有相应权限",
Toast.LENGTH_LONG).show();
                }
                break;
        }
    }
}
```

### 4.2.3　人脸检测步骤

```
/* 重要提示代码中所需工具类
 * FileUtil,Base64Util,HttpUtil,GsonUtils 请从
 * http://envpro.cstor.cn/static/package.rar
 * 下载
 */

//新建 FaceActivity 类，继承 Activity，重构 onCreate 方法，添加内容视图
public class FaceActivity extends Activity{
    @Override
    public void onCreate(@Nullable Bundle savedInstanceState) {
        super.onCreate(savedInstanceState);
        setContentView(R.layout.activity_face);
    }
}
```

在 AndroidManifest.xml 文件中注册 FaceActivity。

```
<activity android:name=".faceRecognition.FaceActivity"/>
```

在 FaceActivity 的 XML 布局文件中写布局，包含 SurfaceView 相机预览 view，两个 Imageview 分别是返回按钮和切换摄像头按钮，其中父布局 ConstraintLayout 为 Android Studio 2.3 之后谷歌的默认模版，主要是为了解决布局嵌套过多的问题。布局如下。

```xml
<?xml version="1.0" encoding="utf-8"?>
<androidx.constraintlayout.widget.ConstraintLayout
xmlns:android="http://schemas.android.com/apk/res/android"
    xmlns:tools="http://schemas.android.com/tools"
    android:layout_width="match_parent"
    android:layout_height="match_parent"
    xmlns:app="http://schemas.android.com/apk/res-auto">
    <!--系统要求调用相机一定要都有预览视图-->
    <SurfaceView
        android:id="@+id/surfaceView"
        android:layout_width="match_parent"
        android:layout_height="match_parent" />

    <!--返回上一个界面-->
    <ImageView
        android:id="@+id/iv_back"
        android:layout_width="wrap_content"
        android:layout_height="wrap_content"
        app:layout_constraintTop_toTopOf="parent"
        app:layout_constraintLeft_toLeftOf="parent"
        android:padding="15dp"
        android:src="@mipmap/fanhui"
        />

    <!--切换摄像头，@mipmap/ic_exchange 为显示图标，可以自行选择图标，放在 mipmap
文件夹。-->
    <ImageView
        android:id="@+id/ivExchange"
        android:layout_width="40dp"
        android:layout_height="40dp"
        app:layout_constraintBottom_toBottomOf="parent"
        app:layout_constraintRight_toRightOf="parent"
        android:layout_margin="20dp"
        android:src="@mipmap/ic_exchange"
        />

</androidx.constraintlayout.widget.ConstraintLayout>
```

写完布局之后，需要在 FaceActivity 中初始化布局，并进行人脸检测的开发。

第一步：在 onCreate 中初始化布局，并添加对应的单击事件。

新建 initView()方法，方法参数为 Bundle savedInstanceState 实例。在 initView()方法内初始化 view，在 onCreate()中调用 initView()方法，并传递 Bundle 参数，即 initView(savedInstanceState);。

```java
public void initView(@Nullable Bundle savedInstanceState) {
    SurfaceView surfaceView = findViewById(R.id.surfaceView);
```

```
//摄像头转换
ImageView ivExchange = findViewById(R.id.ivExchange);
ImageView ivBack = findViewById(R.id.iv_back);
}
```

双击鼠标选中组件 ivBack，按 Ctrl+Alt+F 组合键和 Enter 键将 ivBack 提取成全局变量，以便在其他方法中使用，如图 4-4 所示。

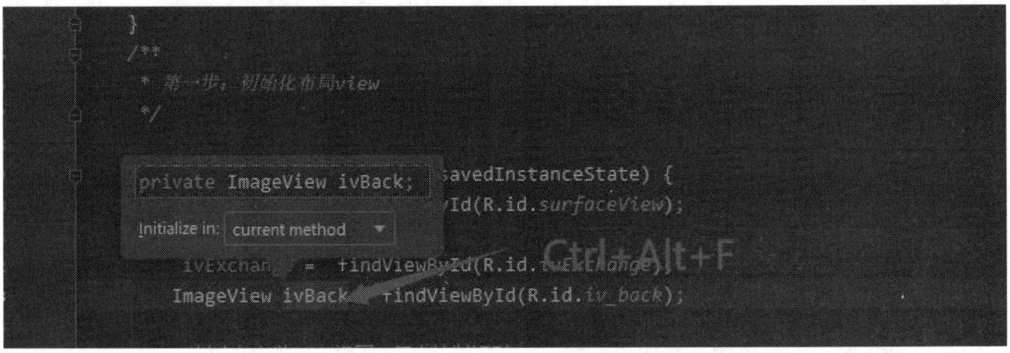

图 4-4　Android Studio 快捷键使用

```
//创建自定义视图 FaceView，用于绘制人脸矩形框，提取为全局变量，并向界面添加这个内容视图
mFaceView = new FaceView(this);
addContentView(mFaceView,new
ViewGroup.LayoutParams(ViewGroup.LayoutParams.MATCH_PARENT,
ViewGroup.LayoutParams.MATCH_PARENT));
//创建人脸数组，存储新检测到的人脸信息和上次检测的人脸信息，并提取全局变量
//创建全局静态常量、要识别的最大面数、最多同时存在的人脸数
private static final int MAX_FACE = 10;
faces = new FaceResult[MAX_FACE];
faces_previous = new FaceResult[MAX_FACE];
for (int i = 0; i < MAX_FACE; i++) {
    faces[i] = new FaceResult();
    faces_previous[i] = new FaceResult();
}

//创建 Handler，通过 Handler 将 UI 更新操作切换到主线程中执行
handler = new Handler();
//创建相机摄像头 ID、相机总数、相机 ID 全局变量，在 initView()方法中实现切换相机前置/后置
摄像头单击事件
private int cameraId = 1;//前置 1、后置 0
//找出可用的相机总数
private int numberOfCameras;
//相机 ID
private String BUNDLE_CAMERA_ID = "camera";
//标签
public static String TAG = "FaceActivity";

//返回与给定键关联的值，如果给定键不存在所需类型的映射，则返回 defaultValue
if (savedInstanceState != null)
    cameraId = savedInstanceState.getInt(BUNDLE_CAMERA_ID, 0);
```

```
            //切换前置/后置摄像头
            ivExchange.setOnClickListener(new View.OnClickListener() {
                @Override
                public void onClick(View view) {
                    cameraId = (cameraId + 1) % numberOfCameras;
                    recreate();//使用新实例重新创建此活动
                }
            });
//添加一个返回按钮的单击事件，用于单击返回上一个界面
ivBack.setOnClickListener(new View.OnClickListener() {
    @Override
    public void onClick(View v) {
        finish();
    }
});
```

第二步：重写 onPostCreate 方法。

onPostCreate 是指 onCreate 方法彻底执行完毕的回调，初始化 Surface 的监听器。

```
@Override
protected void onPostCreate(Bundle savedInstanceState) {
    super.onPostCreate(savedInstanceState);
    //在访问相机之前，应检查相机权限。如果尚未授予权限，则应请求权限
    //Surface 的监听器。提供访问和控制 SurfaceView 背后的 Surface 相关的方法
    SurfaceHolder holder = surfaceView.getHolder();
    //为 SurfaceHolder 添加一个 SurfaceHolder.Callback 回调接口
    holder.addCallback(this);
    //设置像素格式为 NV21，手机从摄像头采集的预览数据一般都是 NV21 格式
    //以 4×4 图片为例，占用内存为 4×4×3/2 = 24 字节
    holder.setFormat(ImageFormat.NV21);
}
```

FaceActivity 实现 SurfaceHolder 的回调监听，引入相关方法如下：public class FaceActivity extends Activity implements SurfaceHolder.Callback。

第三步：设置 Surface 的监听器。

Implements SurfaceHolder.Callback，实现 SurfaceHolder.Callback 接口中的 3 个方法，都是在主线程中调用，而不是在绘制线程中调用的。3 个方法分别是 urfaceCreated、surfaceChanged、surfaceDestroyed。

下面开始重构这 3 个回调方法。

当 surface 对象创建后，surfaceCreated(SurfaceHolder holder)方法会被立即调用，此方法用于初始化相机和预览 surface。

```
@Override
public void surfaceCreated(SurfaceHolder holder) {
    //找出可用的相机总数，提取全局 int 变量
    numberOfCameras = Camera.getNumberOfCameras();
    //获取关于相机的信息
    Camera.CameraInfo cameraInfo = new Camera.CameraInfo();
    for (int i = 0; i < Camera.getNumberOfCameras(); i++) {
        //遍历摄像头总数，返回特定相机的信息。如果不存在，返回 cameraInfo
```

```
        Camera.getCameraInfo(i, cameraInfo);
        //0：相机的正面与屏幕的正面相对
        //1：相机的正面和屏幕的正面是一样的
        if (cameraInfo.facing == Camera.CameraInfo.CAMERA_FACING_BACK) {
            if (cameraId == 0) cameraId = i;
        }
    }
    //创建一个新的相机对象来访问一个特定的硬件相机，并提取全局变量
    mCamera = Camera.open(cameraId);
    //返回特定相机的信息。如果不存在，返回 cameraInfo
    Camera.getCameraInfo(cameraId, cameraInfo);
    //如果相机的正面和屏幕的正面是一样的，设置自定义人脸框样式为前置摄像头
    if (cameraInfo.facing == Camera.CameraInfo.CAMERA_FACING_FRONT) {
        mFaceView.setFront(true);
    }
    //返回此相机服务的当前设置
    Camera.Parameters parameters = mCamera.getParameters();
    //获取相机支持的大于或等于 20 fps 的帧率，用于设置给媒体 MediaRecorder
    //因为获取的数值是乘以 1000 的，所以要除以 1000
    List<int[]> previewFpsRange = parameters.getSupportedPreviewFpsRange();
    for (int[] ints : previewFpsRange) {
        if (ints[0] >= 20000) {
            mFps = ints[0] / 1000;
            Log.e(TAG, "相机帧率： " + mFps);
            break;
        }
    }

    try {
        //设置摄像机数据的表面视图用于预览摄像头实时帧，用 try catch 包裹
        mCamera.setPreviewDisplay(surfaceView.getHolder());
    } catch (Exception e) {
        Log.e(TAG, "无法预览图像。", e);
    }
}
```

当 surface 发生任何结构性（格式或者大小）的变化时，surfaceChanged(SurfaceHolder surfaceHolder, int format, int width, int height)方法就会被立即调用。

```
    @Override
    public void surfaceChanged(SurfaceHolder surfaceHolder, int format, int width, int height)
    {
        //如果没有 surface 对象，则立即返回
        if (surfaceHolder.getSurface() == null) {
            return;
        }
        //尝试停止当前相机预览
        try {
            mCamera.stopPreview();
        } catch (Exception e) {
            //Ignore...
        }
```

```
            //配置相机的方法，设置预览帧大小和自动对焦
            configureCamera(width, height);
            //设置人脸矩形显示方向
            setDisplayOrientation();
            //注册在发生错误时要调用的回调
            setErrorCallback();
            //一切配置就绪！最后再次启动相机预览
            startPreview();
        }
/**
 * 配置的相机
 */
private void configureCamera(int width, int height) {
        //返回此相机服务的当前设置
        Camera.Parameters parameters = mCamera.getParameters();
        //设置预览大小
        setOptimalPreviewSize(parameters, width, height);
        //设置自动聚焦
        setAutoFocus(parameters);
        //将参数设置到当前相机
        mCamera.setParameters(parameters);
}
/**
 * 设置预览大小
 */
private void setOptimalPreviewSize(Camera.Parameters cameraParameters, int width, int
height) {
        //获取支持的预览大小
        List<Camera.Size> previewSizes = cameraParameters.getSupportedPreviewSizes();
        float targetRatio = (float) width / height;
        //获得最佳预览大小
        Camera.Size previewSize = Util.getOptimalPreviewSize(this, previewSizes, targetRatio);
        //设置预览宽度和高度
        previewWidth = previewSize.width;
        previewHeight = previewSize.height;

        Log.e(TAG, "预览宽度：" + previewWidth);
        Log.e(TAG, "预览高度：" + previewHeight);

        /**
         * 计算大小以缩放全帧位图到更小的位图，检测缩放位图中的人脸比完整位图具有更高的
性能。
         * 图像尺寸越小，检测速度越快，但检测人脸的距离越短，所以计算大小应与实际目的相符
         */
        if (previewWidth / 4 > 360) {
            prevSettingWidth = 360;
            prevSettingHeight = 270;
        } else if (previewWidth / 4 > 320) {
            prevSettingWidth = 320;
            prevSettingHeight = 240;
        } else if (previewWidth / 4 > 240) {
```

```
            prevSettingWidth = 240;
            prevSettingHeight = 160;
        } else {
            prevSettingWidth = 160;
            prevSettingHeight = 120;
        }
    //设置预览图片的尺寸
    cameraParameters.setPreviewSize(previewSize.width, previewSize.height);
    //设置预览宽度和高度
    mFaceView.setPreviewWidth(previewWidth);
    mFaceView.setPreviewHeight(previewHeight);
}
/**
 * 设置自动对焦模式
 */
private void setAutoFocus(Camera.Parameters cameraParameters) {
    //获取支持的焦点模式
    List<String> focusModes = cameraParameters.getSupportedFocusModes();
    //用于拍照的连续自动对焦模式
    if (focusModes.contains(Camera.Parameters.FOCUS_MODE_CONTINUOUS_PICTURE))
        //设置焦点模式，连续对焦模式

cameraParameters.setFocusMode(Camera.Parameters.FOCUS_MODE_CONTINUOUS_
PICTURE);
}
/**
 * 设置显示方向
 */
private void setDisplayOrientation() {
    //工具类，获取屏幕的旋转角度
    mDisplayRotation = Util.getDisplayRotation(this);
    //根据角度，得到显示方向
    mDisplayOrientation = Util.getDisplayOrientation(mDisplayRotation, cameraId);
    //设置预览显示的顺时针旋转角度
    mCamera.setDisplayOrientation(mDisplayOrientation);
    if (mFaceView != null) {
        //设置人脸矩形显示方向
        mFaceView.setDisplayOrientation(mDisplayOrientation);
    }
}
/**
 * 异常回调
 */
private void setErrorCallback() {
    mCamera.setErrorCallback(mErrorCallback);
}
```

在初始化异常时，会走到常量分支，记录所有的异常错误，即 private final CameraErrorCallback mErrorCallback = new CameraErrorCallback();。

最后，在 surfaceChanged(SurfaceHolder surfaceHolder, int format, int width, int height)

方法中调用启动摄像头方法。

```
/**
 *   启动摄像头，捕捉和绘制预览帧到屏幕上，并且配置回调
 */
private void startPreview() {
    //判断摄像头是否初始化
    if (mCamera != null) {
    //线程是否被占用
        isThreadWorking = false;
        //开始捕捉和绘制预览帧到屏幕
        mCamera.startPreview();
        //除了在屏幕上显示，还为每个预览帧安装一个要调用的回调
        mCamera.setPreviewCallback(this);
        counter = 0;
    }
}
```

在 surface 对象被销毁前，surfaceDestroyed(SurfaceHolder holder)方法会被立即调用。
在该方法中销毁摄像头。

```
@Override
public void surfaceDestroyed(SurfaceHolder holder) {
    mCamera.setPreviewCallbackWithBuffer(null);
    mCamera.setErrorCallback(null);
    mCamera.release();
    mCamera = null;
}
```

第四步：判断界面生命周期。

根据 activity 的生命周期，在 activity 获取焦点和失去焦点时启动和停止相机。

```
/**
 * 第四步：
 * 界面获取焦点时重新启动相机
 */
@Override
protected void onResume() {
    super.onResume();
    Log.i(TAG, "onResume");
    startPreview();
}

/**
 * 第四步：
 * 界面失去焦点时停止相机
 */
@Override
protected void onPause() {
    super.onPause();
    Log.i(TAG, "onPause");
    if (mCamera != null) {
```

```
            mCamera.stopPreview();
        }
    }
}
```

第五步：FaceActivity 实现相机的回调方法。

在回调方法中获取相机的预览帧数据，进行人脸检测：implements SurfaceHolder.
Callback,Camera.PreviewCallback。

```
/**
 *预览帧回调 implements（实现）Camera.PreviewCallback
 * 获取相机的预览帧数据，返回标准的 NV21 数据
 */
@Override
public void onPreviewFrame(byte[] data, Camera camera) {
    if (!isThreadWorking) {
        if (counter == 0)
            //返回当前时间（以 ms 为单位）
            start = System.currentTimeMillis();

        isThreadWorking = true;
        //等待人脸检测线程完成，内部可以进行人脸扣取、保存，绘制人脸框，上传人脸信息
等操作
        waitForFdetThreadComplete();
    //创建人脸检测线程，进行人脸扣取、保存，绘制人脸框，上传人脸信息等操作
        detectThread = new FaceDetectThread(handler, this);
        detectThread.setData(data);
        detectThread.start();
    }
}
/**
 * 判断人脸检测线程是否完成
 * 因为一般相机每秒几十帧
 * 线程中可能会进行人脸上传、扣取、保存等耗时操作，所以需要等待线程完成
 */
private void waitForFdetThreadComplete() {
    if (detectThread == null) {
        return;
    }
    //测试该线程是否为活动线程。如果线程已经启动且尚未死亡，则该线程是活的
    if (detectThread.isAlive()) {
        try {
            //等待该线程死亡
            detectThread.join();
            detectThread = null;
        } catch (InterruptedException e) {
            e.printStackTrace();
        }
    }
}
```

下面是关于人脸检测线程的关键性代码，因为谷歌源码已经封装了人脸检测算法，所以我们直接使用谷歌的算法，在后面的人脸比对、语音识别、文字识别模块中会介绍使用第三方平台的算法。

```java
/**
* 关键位置
* 在线程中进行人脸检测处理
*/
private class FaceDetectThread extends Thread {
    private Handler handler;
    private byte[] data = null;
    private Context ctx;
    private Bitmap faceCroped;
    //实例化对象，重载构造方法，主要用于传递数据，完成对象的初始化
    public FaceDetectThread(Handler handler, Context ctx) {
        this.ctx = ctx;
        this.handler = handler;
    }

    public void setData(byte[] data) {
        this.data = data;
    }

    public void run() {
        float aspect = (float) previewHeight / (float) previewWidth;
        int w = prevSettingWidth;//图像尺寸
        int h = (int) (prevSettingWidth * aspect);
        Log.e("FaceDetectThread", "图像尺寸 w:" + w + "h:" + h);
        //返回具有指定宽度和高度的可变位图
        Bitmap bitmap = Bitmap.createBitmap(previewWidth, previewHeight,
Bitmap.Config.RGB_565);
        //构造一个 YuvImage。包含 YUV 数据，并且提供一个将 YUV 数据压缩成 Jpeg 数据的
方法。NV21 属于 YUV 数据
        YuvImage yuv = new YuvImage(data, ImageFormat.NV21, bitmap.getWidth(),
bitmap.getHeight(), null);
        //用指定的坐标创建一个新的矩形
        Rect rectImage = new Rect(0, 0, bitmap.getWidth(), bitmap.getHeight());
        //创建一个新的字节数组输出流。缓冲容量初始为 32 字节，但在必要时增加大小
        ByteArrayOutputStream baout = new ByteArrayOutputStream();
        //将 YuvImage 中的矩形区域压缩为 jpeg。要压缩的矩形区域，0～100，0 表示小尺寸
压缩，100 表示最大质量压缩
        if (!yuv.compressToJpeg(rectImage, 100, baout)) {
            Log.e("CreateBitmap", "压缩 Jpeg 失败");
        }
        //创建一个默认的 Options 对象，用于解码 Bitmap 时的各种参数控制
        BitmapFactory.Options bfo = new BitmapFactory.Options();
        //设置位图格式为 RGB_565
        bfo.inPreferredConfig = Bitmap.Config.RGB_565;
        //将输入流解码为位图
        bitmap = BitmapFactory.decodeStream(new
```

```
ByteArrayInputStream(baout.toByteArray()), null, bfo);
        //创建一个新的位图，从现有的位图扩展而来
        Bitmap bmp = Bitmap.createScaledBitmap(bitmap, w, h, false);
        float xScale = (float) previewWidth / (float) prevSettingWidth;
        float yScale = (float) previewHeight / (float) h;
        //相机信息
        Camera.CameraInfo info = new Camera.CameraInfo();
        //返回特定相机的信息
        Camera.getCameraInfo(cameraId, info);
        //显示方向
        int rotate = mDisplayOrientation;
        //摄像机面对的方向。它应该是 CAMERA_FACING_BACK 或 CAMERA_FACING_
FRONT（摄像头的面和屏幕的面是一样的）
        if (info.facing == Camera.CameraInfo.CAMERA_FACING_FRONT &&
mDisplayRotation % 180 == 0) {
            if (rotate + 180 > 360) {
                rotate = rotate - 180;
            } else
                rotate = rotate + 180;
        }
        //旋转位图
        switch (rotate) {
            case 90:
                bmp = ImageUtils.rotate(bmp, 90);
                xScale = (float) previewHeight / bmp.getWidth();
                yScale = (float) previewWidth / bmp.getHeight();
                break;
            case 180:
                bmp = ImageUtils.rotate(bmp, 180);
                break;
            case 270:
                bmp = ImageUtils.rotate(bmp, 270);
                xScale = (float) previewHeight / (float) h;
                yScale = (float) previewWidth / (float) prevSettingWidth;
                break;
        }
        //创建一个 FaceDetector（人脸检测类），配置与图像大小相同的参数进行分析，并找
出能探测到的最大面数
        //一旦对象被构造，这些参数就不能被改变。注意图像的宽度必须是均匀的
        fdet = new FaceDetector(bmp.getWidth(), bmp.getHeight(), MAX_FACE);
        //谷歌人脸识别，存储多张人脸的数组变量
        FaceDetector.Face[] fullResults = new FaceDetector.Face[MAX_FACE];
        //查找位图的所有人脸
        fdet.findFaces(bmp, fullResults);
        //要识别的最大面数，最多同时存在的人脸数
        for (int i = 0; i < MAX_FACE; i++) {
            if (fullResults[i] == null) {
                //数组为空，清空人脸数组
                faces[i].clear();
            } else {
                //PointF 与 Point 完全相同，但 x 和 y 属性的类型是 float，而不是 int。PointF 用
```

于坐标不是整数值的情况

```
                PointF mid = new PointF();
                //设置眼睛之间的中点位置。Mid：面中点的 PointF 坐标（浮点值）
                fullResults[i].getMidPoint(mid);
                mid.x *= xScale;
                mid.y *= yScale;
                //eyesDistance：返回眼睛之间的距离。人脸检测其实不是全脸的识别，只是
眼睛的检测
                float eyesDis = fullResults[i].eyesDistance() * xScale;
                Log.d(TAG,"返回眼睛之间的距离 eyesDis:" + eyesDis);
                //返回一个介于 0 和 1 之间的置信因子，用于确定所发现的实际上是一张脸。通
常，一个置信因子大于 0.3 就足够了
                float confidence = fullResults[i].confidence();
                Log.d(TAG,"返回一个介于 0 和 1 之间的置信因子 confidence:" + confidence);
                //返回脸的姿势，即旋转 x、y 或 z 轴（二维欧几里得空间中的位置）
                float pose = fullResults[i].pose(FaceDetector.Face.EULER_Y);
                Log.d(TAG,"返回脸的姿势 pose:" + pose);
                int idFace = Id;
                //用指定的坐标创建一个新矩形。默认只是眼睛的距离大小，可以扩大一定比
例来框出全部人脸
                //注意：没有范围执行检查，因此调用者必须确保左≤右和顶部≤底部
                Rect rect = new Rect(
                        (int) (mid.x - eyesDis * 1.20f),
                        (int) (mid.y - eyesDis * 0.55f),
                        (int) (mid.x + eyesDis * 1.20f),
                        (int) (mid.y + eyesDis * 1.85f));

                /**
                 * 只检测脸部大小大于 50×50 的图像，试验中使用小于 50×50 的图片可
                   能检测不到人脸
                 */
                if (rect.height() * rect.width() > 50 * 50) {
                    for (int j = 0; j < MAX_FACE; j++) {
                        //眼睛的距离
                        float eyesDisPre = faces_previous[j].eyesDistance();
                        PointF midPre = new PointF();
                        //中间点位置
                        faces_previous[j].getMidPoint(midPre);
                        RectF rectCheck = new RectF(
                                (midPre.x - eyesDisPre * 1.65f),
                                (midPre.y - eyesDisPre * 2.55f),
                                (midPre.x + eyesDisPre * 1.65f),
                                (midPre.y + eyesDisPre * 2.35f));
                        //如果(x, y)在矩形内，则返回 true。左边和上边被认为在里面，而右
边和底部不在里面
                        //这意味着对于要包含的 x, y，左≤x <右，上≤y <下。空矩形从不包
含任何点
                        if (rectCheck.contains(mid.x, mid.y)) {//被测点的 x, y 坐标
                            idFace = faces_previous[j].getId();
                            break;
                        }
```

```
            }
            if (idFace == Id) Id++;
            /**
             *  设置人脸信息
             * @param dFace：人脸
               @param mid：两个浮点坐标
             * @param eyesDis：眼睛之间的距离
             * @param confidence：返回一个介于 0 和 1 之间的置信因子
             * @param pose：返回脸的姿势，即旋转 x、y 或 z 轴（三维欧几里得空
间中的位置）
             */
            faces[i].setFace(idFace, mid, eyesDis, confidence, pose, System.
currentTimeMillis());
            //保存上个人脸
            faces_previous[i].set(faces[i].getId(), faces[i].getMidEye(),
faces[i].eyesDistance(), faces[i].getConfidence(), faces[i].getPose(), faces[i].getTime());
            //采取图片面部显示在 view 中
            if (facesCount.get(idFace) == null) {
                //将指定值与此映射中的指定键关联
                facesCount.put(idFace, 0);//人脸图像
            } else {
                int count = facesCount.get(idFace) + 1;
                if (count <= 1)
                    facesCount.put(idFace, count);
                //在 RecylerView 中显示裁剪面
                if (count == 2) {
                    //获取人脸的位置，用于保存到本地，或者上传后台
                    faceCroped = ImageUtils.cropFace(faces[i], bitmap, rotate);
                    if (faceCroped != null) {
                        //执行耗时任务，Runnable 是要执行的任务代码，Runnable
的代码实际上是在 UI 线程执行的。可以写更新 UI 的代码
                        handler.post(new Runnable() {
                            public void run() {
                                SimpleDateFormat format = new
SimpleDateFormat("MM_dd_HH_mm_ss_SSS", Locale.CHINA);//输出北京时间
                                String fileName=format.format(new Date()) + ".jpg";
                                File file = null;
                                try {
                                    file = ImageUtils.saveFile(faceCroped,fileName);
                                    facesCount.clear();
                                } catch (IOException e) {
                                    e.printStackTrace();
                                }
                                //对人脸文件进行操作，如上传后台等
                            }
                        });
                    }
                }
            }
        }
    }
}
```

```
    }

    /**
     * 绘制人脸框
     */

    handler.post(new Runnable() {
        public void run() {
            //将 face 发送到 FaceView 来绘制矩形
            mFaceView.setFaces(faces);
            //计算帧
            end = System.currentTimeMillis();
            counter++;//
            double time = (double) (end - start) / 1000;
            if (time != 0)
                fps = counter / time;
            mFaceView.setFPS(fps);
            if (counter == (Integer.MAX_VALUE - 1000))
                counter = 0;
            isThreadWorking = false;
        }
    });

    }
}
```

人脸检测代码开发完成后，运行 App，即可看到检测效果。

# 4.3　人脸比对

本节将上传两张图片，比对两张图片中人脸的相似度，并返回相似度分值，以判断两张脸都是同一个人的可能性。

本文中人脸对比方案使用云创大数据人工智能开放平台对外提供的在线人脸对比接口，需要注册开发者账户，账户免费 QPS（每秒访问限额）限制为 1，收费 QPS 限制最大值为 10。

地址：http://58.213.47.166:7000/face/face-compare。

## 4.3.1　请求说明

HTTP 方法如下。

POST

请求 URL 如下。

http://ai.cstor.cn/api/face/compare

API 包含两部分参数：一部分是公共请求头部分，另一部分是接口本身的业务参数。业务参数使用 json 格式传输。

HTTP 的 header 参数如表 4-1 所示。

表 4-1　HTTP 的 header 参数

| 参　数　名　称 | 类　　型 | 说　　　明 |
| --- | --- | --- |
| appId | string | 应用 ID |
| timestamp | string | 时间戳/s |
| nonce | string | 随机字符串 |
| sign | string | 接口请求签名，待计算 |

请求参数如表 4-2 所示。

表 4-2　请求参数

| 参　数　名　称 | 是　否　必　选 | 类　　型 | 可选值范围 | 说　　　明 |
| --- | --- | --- | --- | --- |
| img | 是 | string | — | 图像数据，base64 编码后进行 urlencode 编码，要求 base64 编码和 urlencode 编码后大小不超过 4 MB。图片的 base64 编码是不包含图片头的，如 data:image/jpg;base64；支持的图片格式有 jpg、bmp、png；最短边至少为 50 px，最长边最大为 4096 px |

返回参数如表 4-3 所示。

表 4-3　返回参数

| 返回值名称 | 类　　型 | 描　　　述 |
| --- | --- | --- |
| code | int | 返回结果，0 表示成功，非 0 表示对应错误号 |
| msg | string | 返回描述 |
| status | string | 返回状态，yes 表示有人脸，no 表示无人脸 |
| data | object | 返回的数据见下文 |

data 参数如表 4-4 所示。

表 4-4　data 参数

| 返回值名称 | 类　　型 | 描　　　述 |
| --- | --- | --- |
| prob | string | 置信度（0～1，数值越大，置信度越高） |
| rectangle1 | object | 人脸矩形框的位置，包括以下属性。<br>top：矩形框左上角像素点的纵坐标；<br>left：矩形框左上角像素点的横坐标；<br>width：矩形框的宽度；<br>height：矩形框的高度 |
| rectangle2 | object | 人脸矩形框的位置，包括以下属性。<br>top：矩形框左上角像素点的纵坐标；<br>left：矩形框左上角像素点的横坐标；<br>width：矩形框的宽度；<br>height：矩形框的高度 |

返回示例如下。

```
{
  "code": 0,
  "msg": "success",
  "status": "yes",
  "data": {
    "prob": "0.999739",
    "rectangle1": {
      "x": 118,
      "y": -13,
      "width": 170,
      "height": 170,
    },
    "rectangle2": {
      "x": 118,
      "y": -13,
      "width": 170,
      "height": 170,
    }
  }
}
```

## 4.3.2　人脸比对开发代码

提示：代码中所需工具类 BaseRequest、GlideEngine、GlideCacheEngine 可以从 http://envpro.cstor.cn/static/package.rar 下载。

### 1．添加图片选择器

PictureSelector 2.0 是 Android 平台下的一款图片选择器，支持从相册、视频、音频或相机拍照获取图片，支持裁剪（单图或多图裁剪）、压缩、主题自定义配置等功能，支持动态获取权限，适配 Android 5.0+系统的开源图片选择框架。

地址：https://github.com/LuckSiege/PictureSelector/blob/master/README_CN.md。

在 App 目录下的 build.gradle 目录中添加图片选择和图片加载依赖。

```
//图片选择及拍照
implementation 'com.github.LuckSiege.PictureSelector:picture_library:v2.5.1'
//glide 图片加载
implementation('com.github.bumptech.glide:glide:4.9.0') {
    exclude group: "com.android.support"
}
```

在根目录的 build.gradle 目录下添加 maven（见图 4-5）。

```
maven {
    url "https://jitpack.io"
}
```

### 2．界面开发

第一步：绘制布局并初始化界面，如图 4-6 所示。

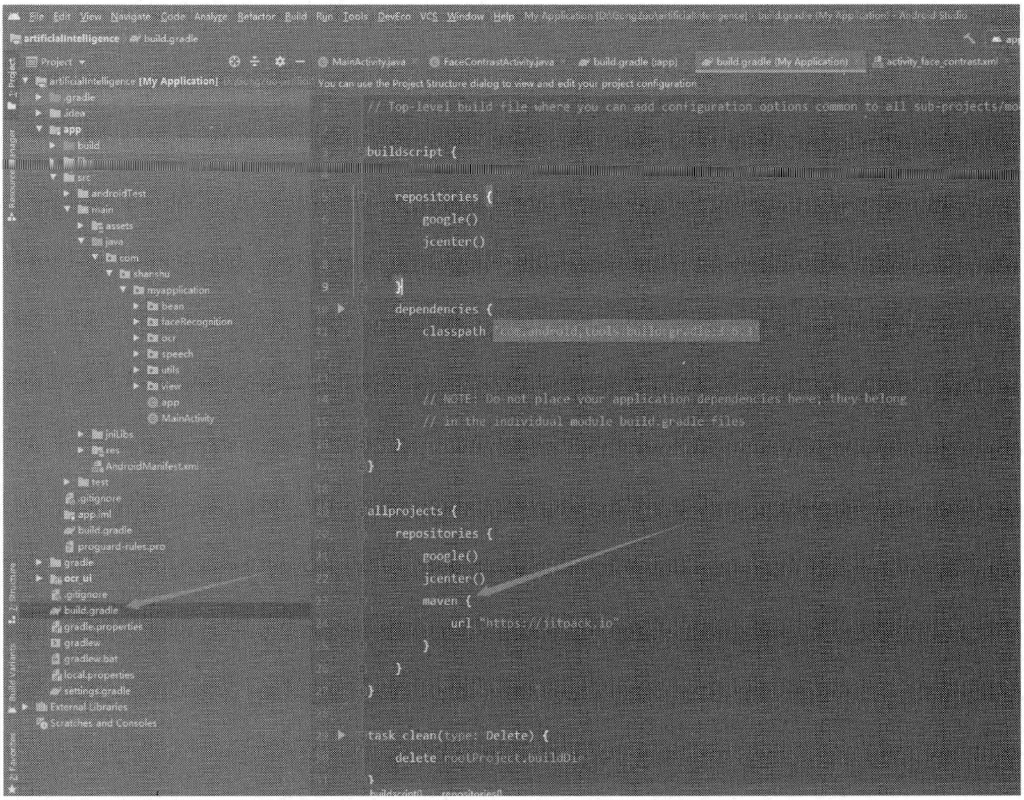

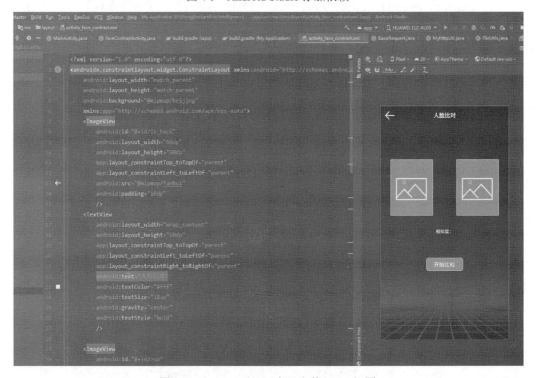

图 4-5　Android Studio 添加依赖

图 4-6　Android Studio 布局文件 XML 视图

第二步：上传或者选择人脸图片。（说明：有"//"的部分代表开发人员可自行选择是否配置当前参数，根据需求确定。）

```
public void setPhoto(int code) {
        PictureSelector.create(FaceContrastActivity.this)
                .openGallery(PictureMimeType.ofImage())//全部.PictureMimeType.ofAll()、图
片.ofImage()、视频.ofVideo()、音频.ofAudio()
                .theme(R.style.picture_default_style)//主题样式（不设置为默认样式）也可参
考 demo values/styles，例如 R.style.picture.white.style
//              .setPictureStyle()//动态自定义相册主题。注意：此方法最好不要与.theme();
同时存在，可二选一
//              .setPictureCropStyle()//动态自定义裁剪主题
//              .setPictureWindowAnimationStyle()//自定义相册启动退出动画
                .loadImageEngine(GlideEngine.createGlideEngine())//外部传入图片加载引
擎，必传项
                .isWithVideoImage(false)//图片和视频是否可以同选，只在 ofAll 模式下有效
                .isUseCustomCamera(false)//是否使用自定义相机，5.0 以下不要使用，可能
会出现兼容性问题
                .setRequestedOrientation(ActivityInfo.SCREEN_ORIENTATION_PORTRAIT)
//设置相册 Activity 方向，不设置默认使用系统
                .isOriginalImageControl(false)//是否显示原图控制按钮，如果选中，则压缩、
裁剪功能将会失效
                .isWeChatStyle(true)//是否开启微信图片选择风格，开启后才可以使用微信主题
                .isAndroidQTransform(true)//是否需要处理 Android Q 复制到应用沙盒的操
作，只针对 compress(false); && enableCrop(false);有效
//              .bindCustomPlayVideoCallback(callback)//自定义播放回调控制，用户可以
使用自己的视频播放界面
//              .bindPictureSelectorInterfaceListener(interfaceListener)//提供给用户的一些
额外的自定义操作回调
                .isMultipleSkipCrop(true)//多图裁剪时是否支持跳过，默认支持
                .isMultipleRecyclerAnimation(true)//多图裁剪底部列表显示动画效果
//              .setLanguage(language)//设置语言，默认中文
                .maxSelectNum(1)//最大图片选择数量，int 型
                .minSelectNum(0)//最小图片选择数量，int 型
                .minVideoSelectNum(1)//视频最小选择数量，如果没有单独设置的需求，则可
以不设置，同用 minSelectNum 字段
                .maxVideoSelectNum(1) //视频最大选择数量，如果没有单独设置的需求，则
可以不设置，同用 maxSelectNum 字段
                .imageSpanCount(4)//每行显示个数，int 型
                .isReturnEmpty(false)//未选择数据时，单击按钮是否可以返回
                .isNotPreviewDownload(true)//预览图片，长按是否可以下载
                .queryMaxFileSize(100)//只查多少 MB 以内的图片、视频、音频，单位为 MB
//              .querySpecifiedFormatSuffix(PictureMimeType.ofPNG())//查询指定后缀格
式资源
                .setOutputCameraPath("/cstorPath")//自定义相机输出目录,只针对Android Q
以下，例如 Environment.getExternalStoragePublicDirectory(Environment.DIRECTORY_DCIM)
+ File.separator + "Camera" + File.separator;
                .cameraFileName("paizhao.png") //重命名拍照文件，注意只在使用相机时可
以使用
                .renameCompressFile("yasuo.png")//重命名压缩文件，注意不要重复，只适
用于单张图压缩使用
```

```
                  .renameCropFileName("jiancai.png")//重命名裁剪文件，注意不要重复，只适
用于单张图裁剪使用
                  .isSingleDirectReturn(true)//单选模式下是否直接返回，PictureConfig.SINGLE
模式下有效
//                .setTitleBarBackgroundColor(getResources().getColor(R.color.white))//相册
标题栏背景色
//                .isChangeStatusBarFontColor(false)//是否关闭白色状态栏字体颜色
//                .setStatusBarColorPrimaryDark(getResources().getColor(R.color.white))//状
态栏背景色
//                .setUpArrowDrawable()//设置标题栏右侧箭头图标
//                .setDownArrowDrawable()//设置标题栏右侧箭头图标
                  .isOpenStyleCheckNumMode(false)//是否开启数字选择模式，类似 QQ 相册
                  .selectionMode(PictureConfig.SINGLE)//多选或单选
PictureConfig.MULTIPLE or PictureConfig.SINGLE
                  .loadCacheResourcesCallback(GlideCacheEngine.createCacheEngine())
                  .previewImage(true)//是否可预览图片（true or false）
                  .previewVideo(false)//是否可预览视频（true or false）
                  .enablePreviewAudio(false) //是否可播放音频（true or false）
                  .isCamera(true)//是否显示拍照按钮（true or false）
                  .imageFormat(PictureMimeType.PNG)//拍照保存图片格式后缀，默认为 jpeg
格式
                  .isZoomAnim(true)//图片列表单击，缩放效果，默认为 true
                  .sizeMultiplier(0.5f)//glide 加载图片，大小为 0～1，如设置.glideOverride()无效
                  .enableCrop(false)//是否裁剪（true or false）
//                .setCircleDimmedColor()//设置圆形裁剪背景色值
//                .setCircleDimmedBorderColor()//设置圆形裁剪边框色值
                  .setCircleStrokeWidth(3)//设置圆形裁剪边框粗细
                  .compress(true)//是否压缩（true or false）
                  .glideOverride(160, 160)//int glide，加载宽高；值越小，图片列表越流畅，但
会影响列表图片浏览的清晰度
                  .withAspectRatio(1, 1)//int 型，裁剪比例，如 16：9、3：2、3：4、1：1，可
自定义
                  .hideBottomControls(true)//是否显示 uCrop 工具栏，默认不显示（true or false）
                  .isGif(false)//是否显示 gif 图片（true or false）
                  .compressSavePath(FileUtils.getPath())//压缩图片保存地址
                  .freeStyleCropEnabled(true)//裁剪框是否可拖曳（true or false）
                  .circleDimmedLayer(true)//是否圆形裁剪（true or false）
                  .showCropFrame(false)//是否显示裁剪矩形边框（true or false），圆形裁剪
时建议设为 false
                  .showCropGrid(false)//是否显示裁剪矩形网格（true or false），圆形裁剪时
建议设为 false
                  .openClickSound(true)//是否开启单击声音（true or false）
//                .selectionMedia(selectList)//是否传入已选图片，List<LocalMedia> list
                  .previewEggs(true)//预览图片时，是否增强左右滑动图片体验（图片滑动一半
即可看到上一张是否被选中）（true or false）
//                .cropCompressQuality(90)//废弃，改用 cutOutQuality()
                  .cutOutQuality(90)//裁剪输出质量，默认为 100
                  .minimumCompressSize(100)//小于 100 KB 的图片不压缩
                  .synOrAsy(true)//同步 true 或异步 false，压缩，默认同步
                  .cropImageWideHigh(1, 1)//裁剪宽高比，宽高如果大于图片本身，则无效
                  .rotateEnabled(true) //裁剪是否可旋转图片（true or false）
```

```
                    .scaleEnabled(true)//裁剪是否可放大或缩小图片（true or false）
                    .videoQuality(0)//视频录制质量（0 or 1），int 型
                    .videoMaxSecond(15)//显示多少秒以内的视频（或音频）可适用，int 型
                    .videoMinSecond(10)//显示多少秒以内的视频（或音频）可适用，int 型
                    .recordVideoSecond(0)//视频秒数录制，默认为 60s，int 型
                    .isDragFrame(true)//是否可拖动裁剪框（固定）
                    .forResult(code);//结果回调 onActivityResult code
    }
```

第三步：获取回调图片地址，转化为 base64 编码。

```
    @Override
    public void onActivityResult(int requestCode, int resultCode, Intent data) {
        super.onActivityResult(requestCode, resultCode, data);
        //回调成功
        switch (requestCode) {
            case 1: {
                dataParsing(data,1);//图片解析并进行 base64 编码
                break;
            }
            case 2: {
                dataParsing(data,2);
                break;
            }
        }
}
public void dataParsing(Intent data,int cede){
    //图片选择结果回调
    selectList = PictureSelector.obtainMultipleResult(data);
    //例如，LocalMedia 中返回 3 种 path
    //1.media.getPath(); 为原图 path
    //2.media.getCutPath();为裁剪后 path，需判断 media.isCut();是否为 true
    //3.media.getCompressPath();为压缩后 path，需判断 media.isCompressed();是否为 true
    //如果已裁剪并压缩，则以压缩路径为准，因为是先裁剪后压缩的
    for (LocalMedia media : selectList) {
        if (media.isCompressed()) {//压缩
            BitmapFactory.Options options = new BitmapFactory.Options();
            options.inJustDecodeBounds = true;
            BitmapFactory.decodeFile(media.getCompressPath(), options);
            String type = options.outMimeType;
            if (TextUtils.isEmpty(type)) {
                type = "未能识别的图片";
            } else {
                //这里获取的图片格式是以 image/png、image/jpeg、image/gif 的方式返回的
                //图片转 base64 编码并添加图片头，data:image/png;base64
                if (cede == 1){
                    Glide.with(mContext)
                            .load(media.getCompressPath())//传入加载的图片地址，网络地址或者本地图片都可以
                            .into(zuo);//imageview 的 id
                    base64zuo = "data:" + type + ";base64," +
```

```
imageToBase64(media.getCompressPath());//base64 编码
                }else if (cede==2){
                    Glide.with(mContext)
                            .load(media.getCompressPath())//传入加载的图片地址，网络地
址或者本地图片都可以
                            .into(you);//imagoview 的 id
                    base64you = "data:" + type + ";base64," +
imageToBase64(media.getCompressPath());
                }
            }
            Log.d("image type -> ", type);
        }
    }
}
/**
 * 将图片转换成 base64 编码的字符串
 */
public static String imageToBase64(String path){
    if(TextUtils.isEmpty(path)){
        return null;
    }
    InputStream is = null;
    byte[] data = null;
    String result = null;
    try{
        is = new FileInputStream(path);
        //创建一个字符流大小的数组
        data = new byte[is.available()];
        //写入数组
        is.read(data);
        //用默认的编码格式进行编码
        result =  Base64.encodeToString(data,Base64.NO_CLOSE);
    }catch (Exception e){
        e.printStackTrace();
    }finally {
        if(null !=is){
            try {
                is.close();
            } catch (IOException e) {
                e.printStackTrace();
            }
        }
    }
    return result;
}
```

第四步：上传图片编码，获取人脸比对结果。

```
HashMap<String,String> hashMap = new HashMap();
if (null!=base64zuo && !base64zuo.equals("") && null!=base64you && !base64you.equals("")){
    hashMap.put("img1",base64zuo);
    hashMap.put("img2",base64you);
```

```
//将 map 转换成 Json,需要引入 Gson 包
String mapToJson = new Gson().toJson(hashMap);
BaseRequest.postJsonData("http://192.168.2.186:9100/api/face/compare",    mapToJson,
mHandler,1);
}else {
Toast.makeText(mContext,"图片为空。",Toast.LENGTH_LONG).show();
}
```

## 4.4　人脸识别开放平台介绍

当前人脸识别的主要开放平台有阿里、百度、云创等，百度人脸识别是基于百度专业的深度学习算法和海量数据训练，可以提供企业级稳定、精确的大流量服务，拥有毫秒级识别响应能力、弹性灵活的高并发承载，可靠性保障高达 99.99%。阿里人脸识别基于达摩院自研的人脸人体分析技术，提供人脸检测与五官定位、人脸属性识别、人脸比对、人脸搜索、人体检测、人体属性、行为分析等多种功能，其根据客户快速定制的功能越来越被大众所喜欢。云创作为近几年新起的一个人脸识别开放平台，以快速响应、多条件、准确率高等特点，被越来越多的人关注和使用，具体应用如下。

### 1．人脸实名认证

结合身份证识别、人脸对比、活体检测等多项组合能力，连接权威数据源，确保用户是"真人"且为"本人"，快速完成用户身份核验。人脸实名认证可应用于金融服务、物流货运等行业，有效控制业务风险，抵御作弊行为[8]。

### 2．刷脸闸机通行

将人脸识别功能集成到闸机中，快速录入人脸信息，用户刷脸通行，可以解决用户忘带工卡、被盗卡等问题，实现企业、商业、住宅等多场景门禁通行。

### 3．智能视频监控

结合人脸识别技术，在工厂、学校、商场、餐厅等人流密集的场所进行监控，对人流进行自动统计、识别和追踪，同时标记存在安全隐患的行为及区域，并发出告警提醒，加强信息化安全管理，降低人工监督成本。

### 4．刷脸移动支付

应用前端人脸采集方案，搭配百万级人脸库 1∶N 检索功能，将人脸与银行卡、手机等支付工具绑定，满足支付场景对安全、效率、精度的严苛要求，实现"无现金"刷脸支付代替传统密码支付，提高支付效率与用户体验。

## 习题

人脸识别系统的主要部分有哪些？

## 参考文献

[1] 人工智能智慧感知与决策控制平台. https://ai.cstor.cn/.

[2] 沈理，刘翼光，熊志勇. 人脸识别原理及算法[M]. 北京：人民邮电出版社，2014.

[3] 张铮，倪红霞，苑春苗，等. 精通 Matlab 数字图像处理与识别[M]. 北京：人民邮电出版社，2013.

[4] 马骏. 基于特征融合的人脸表情识别研究[D]. 重庆：重庆师范大学，2021.

[5] 邹意华. 移动智能终端人脸识别技术的信息安全[J]. 内蒙古科技与经济，2020（20）：71-72.

[6] 宋强，张颖. 基于卷积神经网络的人脸识别算法[J]. 辽宁科技大学学报，2020，43（5）：363-367.

[7] 徐其华，孙波. 基于深度学习和证据理论的表情识别模型[J]. 计算机工程与科学，2021，43（4）：704-711.

[8] 张田勘. 人工智能与嫌犯追踪[J]. 百科知识，2020（18）：32-33.

# 第 5 章

# 车辆识别

车辆识别是智能交通系统的重要组成部分，也是交通管控、无人驾驶、疑犯追踪、行为分析等其他智能任务的基础。通过对马路摄像头抓拍的车辆图像进行数字图像处理与分析，确定目标车辆属于哪一种类别，并且确定车辆的颜色及车牌号。车辆识别目前已应用于很多领域，如拍照识车、违章停车监测、智能卡口、路况分析、智能定损以及疑犯追踪等[1]。

## 5.1 车辆识别介绍

目前，全国高速公路收费方式以人工收费为主，以 ETC 不停车收费为辅，另外还有部分移动支付（扫码）收费方式专用通道等。传统人工收费以及移动支付这些方式都有其缺点，例如容易发生车辆堵塞，费用计费误差、路径识别偏差，而且收费车道数量较多，收费广场占地面积大，成本较高[2]。

近年来，国家逐步出台各项政策迅速推进以 ETC 收费为主的模式部署，高速公路全面采用 ETC 自动收费系统的趋势越来越明显（见图 5-1）。例如 2018 年 5 月，交通运输部新闻发言人吴春耕表示，推动取消高速公路省界收费站，明确以 ETC 5.8G 为主流技术，实现高速公路不停车收费。2019 年两会期间政府工作报告表示，两年内基本取消全国高速公路省界收费站，实现不停车快捷收费，减少拥堵、便利群众。

但目前 ETC 收费的识别标识主要以计费卡等电子标签形式为主，目前还无法避免电子标签的违规挪用，必须辅以车牌识别的鉴权技术[3]。因此，车牌识别技术在 ETC 大规模推广的过程中，必然需要面临更大的挑战，例如车牌污损、天气光线影响拍照采样不清晰、车辆行驶路径与计费复杂等问题[4]。特别是针对无法避免出现的模糊车牌情况，如何进一步提升识别准确率，并且如何充分利用车牌精准识别技术实现更多应用模式，是目前需要解决的主要需求问题。

图 5-1  车辆通行展示

## 5.2  车辆识别的过程

人工智能车牌识别模型利用深度学习算法与深度学习一体机基础设施，对模型进行海量真实牌照数据的识别训练，实现对各种角度、光照、污损等条件下的车牌进行高效识别与结构化输出[1]。车牌识别的步骤如下。

### 5.2.1  前期预处理

针对雾霾、欠爆、噪声问题进行相应的图像增强处理，改善画面质量，如图 5-2 和图 5-3 所示。

图 5-2  前期处理（一）

图 5-3  前期处理（二）

### 5.2.2　车牌检测

使用深度学习轻量级网络设计思想，构建一个约 30 层的卷积网络，使用 5000 万个样本训练，得到的模型能在保证运行效率的同时，检测率大幅优于传统目标检测算法[5]，如图 5-4 所示。

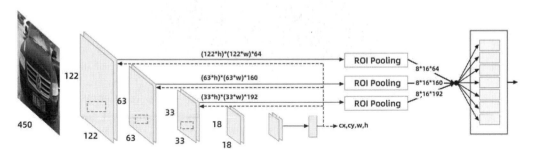

图 5-4　车牌检测（一）

### 5.2.3　车牌字符识别

使用深度学习轻量级网络设计思想，构建一个 25 层的卷积网络，使用 2 亿个样本训练，模型性能大幅优于 svm 等方法[6]，如图 5-5 和图 5-6 所示。

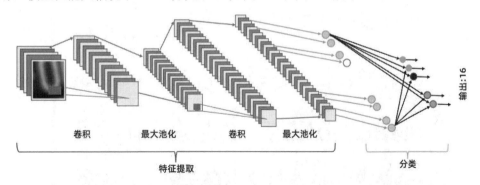

图 5-5　车牌检测（二）

（a）彩色原图　　　　　　　　　　（b）灰度原图

（c）统一大小后的二值图　　　　　　（d）去噪后的二值图

图 5-6　车牌字符识别

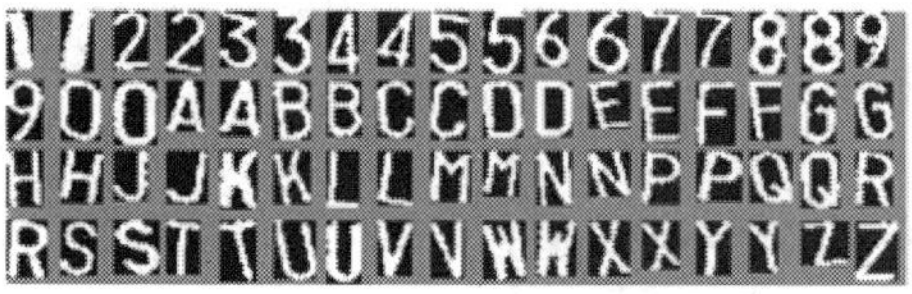

（e）字符区域图 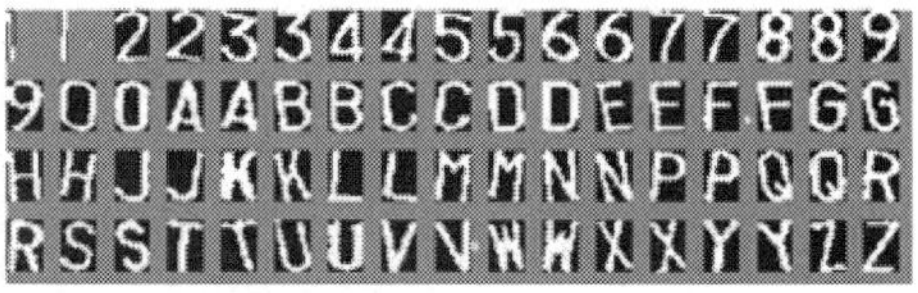                              （f）统一大小后的字符区域图

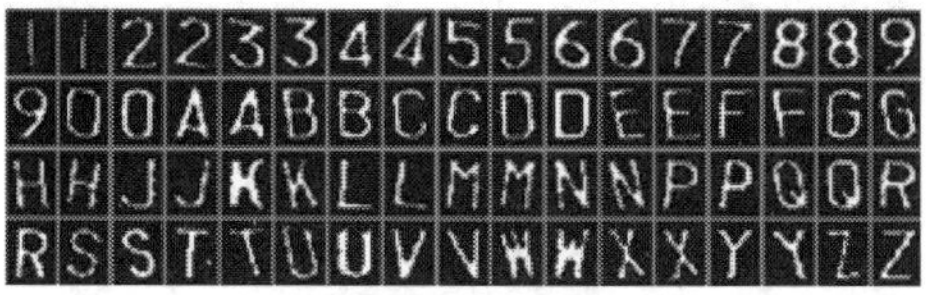

（g）细化并添加边界后的字符居中图

图 5-6    车牌字符识别（续）

### 5.2.4    车牌种类识别

能够识别的车牌种类有蓝牌、黄牌、双层黄牌、武警、警车、军车、新能源等。涵盖的地区包括大陆 31 个省份、直辖市及自治区，如图 5-7 所示。

图 5-7    车牌种类识别

### 5.2.5    结构化信息识别功能

基于深度学习的车辆识别算法，用于实现对高速公路监控视频、车辆卡口抓拍图片的二次识别，可精确识别车牌号码、车辆品牌、车辆子品牌、车辆年款、车辆颜色、车牌颜色、车辆类型、车牌类型等车辆细节信息，弥补前端卡口识别信息不足及识别不准的缺陷；支持车辆类型、车牌类型的细分，能够识别同一车型的不同年款，并输出年检标等特征图片，为基于大数据分析的深度应用提供更多有价值的车辆信息[6]。

车辆页面重点展示了视频中车辆所对应的车牌、车型、颜色、品牌、子品牌、时间、设备号和属性[3]，如图 5-8 所示。

2019-03-07 15:28:23

设备：11801
车牌：苏D50
(蓝色)
类型：SUV
颜色：白色
子品牌：S5-
2014&2015款
品牌：海马

图 5-8　车型识别

## 5.3　人工智能开放平台的前端运用

人工智能开放平台提供了车牌识别和车型识别两部分，车牌识别可以检测出图片中的车牌，并返回车牌边框坐标、车牌号码、车牌颜色等信息[7]。支持各种位置、白天及夜间的车牌识别。车型识别可以检测图片中车辆的具体车型，输出图片中车辆的类型、颜色等信息。

### 5.3.1　车牌识别接口调用

车牌识别技术通过对公路上摄像头拍摄的照片进行数字图像处理与分析，从复杂的背景中准确地提取出车牌区域，进而达到对汽车牌照的精确定位，并最终完成对车辆牌号、颜色等信息的识别。车牌识别技术在交通控制和监视中占有很重要的地位，具有广泛的应用前景，同时也成为车辆身份识别的主要手段[8]。

#### 1．准备工作

首先，通过 vue-cli3 脚手架创建一个 vue 项目，创建完成后可以看到页面目录，如图 5-9 所示。

```
Project                        package.json
carcstor                       {
  .git                           "name": "carcstor",
  node_modules                   "version": "0.1.0",
  public                         "private": true,
  src                            "scripts": {
  .browserslistrc                  "serve": "vue-cli-service serve",
  .eslintrc.js                     "build": "vue-cli-service build",
  .gitignore                       "lint": "vue-cli-service lint"
  babel.config.js                },
  package-lock.json              "dependencies": {
  package.json                     "core-js": "^3.6.5",
  README.md                        "vue": "^2.6.11",
                                   "vue-router": "^3.2.0",
                                   "vuex": "^3.4.0"
                                 },
                                 "devDependencies": {
```

图 5-9　vue-cli3 脚手架创建

然后通过 npm run serve 启动服务，即可进行开发。

### 2．接口参数详解

所有 API 都包含两部分参数：一部分是公共请求头部分，另一部分是接口本身的业务参数。业务参数包括 parameter 参数和 requestbody 参数，其中 requestbody 参数使用 json 格式传输。

（1）HTTP 的 header 参数如表 5-1 所示。

表 5-1　HTTP 的 header 参数

| 参 数 名 称 | 类　　型 | 备　　注 |
|---|---|---|
| appId | | 应用 ID |
| timestamp | | 时间戳/s |
| nonce | | 随机字符串 |
| sign | | 接口请求签名，待计算 |

（2）业务参数如表 5-2 所示。

表 5-2　业务参数

| 参 数 名 称 | 类　　型 | 备　　注 |
|---|---|---|
| img | string | 图像数据，base64 编码后进行 urlencode 编码，要求 base64 编码和 urlencode 编码后大小不超过 4 MB。图片的 base64 编码是包含图片头的，如 data:image/jpg;base64，支持的图片格式有 jpg、bmp、png，最短边至少为 50 px，最长边最大为 4096 px |

### 3．前端接口调用实现

#### 1）页面展示

车牌识别页面展示如图 5-10 所示。

图 5-10　车牌识别页面展示

#### 2）HTML 部分

搭建框架，将页面的大概架构展示出来。

```
<template>
<div class="main">
  <div class="demo_title">
    <h3>功能演示</h3>
    <p>车牌识别技术要求能够将运动中的汽车牌照从复杂背景中提取并识别出来</p>
    <p>通过车牌提取、图像预处理、特征提取、车牌字符识别等技术，识别车辆牌号信息</p>
  </div>
  <div class="demo_body">
    <div class="request">
      <div class="image-container">
        <div class="imageContainerResult">
          <div class="showScanFlag" v-show="showScanFlag"> </div>
          <img :src="request_img" ref="ref_request_img" class="requestImg">
          <canvas :width="canvasWidth" :height="canvasHeight" class="canvasDiv"
ref="imgcanvas"></canvas>
        </div>
      </div>
      <el-row>
        <el-col :span="10" :offset="3">
          <el-upload class="img-upload"
action="false" :show-file-list="false" :auto-upload="false"
ref="upload" :on-change="imgChange">
            <el-button plain>上传图片<i class="el-icon-upload el-icon--right"></i></el-button>
          </el-upload>
        </el-col>
        <el-col :span="10" :offset="1">
          <el-button type="primary" @click.native="detect()">检测</el-button>
        </el-col>
      </el-row>
      <div class="img_menu">
        <ul class="img_menu_ul">
          <li @click="imgMenuClick(item)"
class="img_menu_li" :class="menuId==item.id?'active':'" v-for="(item,index) in
imgMenu" :key="index">
            <img :src="item.src">
          </li>
        </ul>
      </div>
    </div>
    <div class="result">
      <el-tabs class="tabs" type="border-card" :stretch="true">
        <el-tab-pane label="识别结果">
          <div class="result_body1">
            <span class="span_style">车牌号：</span><span>{{plate}}</span><br><br>
            <span class="span_style">车牌颜色：</span><span>{{plate_color}}</span>
          </div>
        </el-tab-pane>
        <el-tab-pane label="Response JSON">
          <div class="result_body2">
```

```
          <el-input type="textarea" v-model="textarea" :readonly="true"
resize="none" :rows="33">
          </el-input>
        </div>
      </el-tab-pane>
    </el-tabs>
  </div>
 </div>
</div>
</template>
```

3）js 部分

接下来，需要引用接口地址，引用方法如下（在 script 中引用）。

```
export function plate(params) {
  console.log("canshu", params);
  return request({
    url: 'http://ai.cstor.cn/api/plate',
    method: 'post',
    headers: {
      'Content-Type': 'Application/json',
    },
    data: params
  })
}
```

这里的 plate 就是接口文档中的车辆接口地址，代码如下。

```
export function plate(params) {
  return request({
    url: 'http://ai.cstor.cn/api/plate',
    method: 'post',
    headers: {
      'Content-Type': 'Application/json',
    },
    data: params
  })
}
```

单击图片上传，触发 imgChange 事件。

```
//上传图片
  imgChange(file) {
    this.plate = ''
    this.plate_color = ''
    this.textarea = ''
    let reader = new FileReader()
    let img = event.target.files[0]
    //创建对象
    let img2 = new Image()
    reader.onload = e => {
```

```
      //改变图片的 src
      this.request_img = reader.result
      img2.src = reader.result
    }
    if (img) {
      reader.readAsDataURL(img)
    }
    img2.onload = e => {
      this.present = this.AutoSize(img2, 1000, 1000)
    }
    let type = img.type; //文件的类型，判断是否是图片
    if (this.imgData.accept.indexOf(type) == -1) {
      this.$message({
        message: '上传图片只能是 .JPG/PNG/JPEG 格式!',
        offset: 100
      })
      return
    }
    let form = new FormData()
    form.append('file', img, img.name)
    this.imageFile = form
  },
```

进行图片检测，detect 事件。

```
//开始检测
  detect() {
    this.showScanFlag = true
    if (this.imageFile === null) {
      let canvas = this.imagetoCanvas(this.$refs.ref_request_img)
      let blobimg = null
      const _this = this
      canvas.toBlob(function(blob) {
        blobimg = blob
        var reader = new FileReader()
        reader.readAsArrayBuffer(blobimg)
        reader.onloadend = function(e) {
          //改变图片的 src
          this.imgurl = reader.result;
          let fd = new FormData()
          let the_file = new Blob([e.target.result], {
            type: "image/jpg"
          })
          fd.append("file", the_file, "images.jpg")
          _this.imageFile = fd
          setTimeout(() => {
            _this.http_plate()
          }, 1000)
        }
      }, "image/jpeg", 0.95)
    } else {
```

```
        setTimeout(() => {
          this.http_plate()
        }, 1000)
      }
    },
```

http_plate 接口部分展示如下。

```
http_plate() {
    plate({
      img: this.request_img
    }).then(res => {
      this.showScanFlag = false
      if (res.code === 0) {
        if (res.data === null || res.data.length == 0) {
          this.plate = ''
          this.plate_color = ''
        } else {
          let data = res.data
          data.map((item, index) => {
            this.plate = this.plate + data[index].plate + '   '
            this.plate_color = this.plate_color + data[index].color + '   '
          })
          this.initCanvas(data)
        }
      }
      this.textarea = this.getFormatData(JSON.stringify(res))
    })
  },
```

通过调用 initCanvas 重新调整上传的图片大小以及框选识别出来的车牌信息，代码
如下。

```
//图片自动比例缩放
  AutoSize(Img, maxWidth, maxHeight) {
    let preWidth = Img.width
    let proHeight = Img.height
    var image = new Image()
    //原图片原始地址（用于获取原图片的真实宽高，当<img>标签指定了宽、高时不受影响）
    image.src = Img.src
    //当图片比图片框小时，不做任何改变
    if (image.width < maxWidth && image.height < maxHeight) {
      Img.width = image.width
      Img.height = image.height
    } else //原图片宽高比例大于图片框宽高比例时，则以框的宽为标准缩放，反之以框的高
为标准缩放
    {
      if (maxWidth / maxHeight <= image.width / image.height) //原图片宽高比例大于图片框
宽高比例
      {
        Img.width = maxWidth; //以框的宽度为标准
        Img.height = maxWidth * (image.height / image.width)
```

```
    } else { //原图片宽高比例小于图片框宽高比例
        Img.width = maxHeight * (image.width / image.height)
        Img.height = maxHeight //以框的高度为标准
    }
}
this.canvasWidth = Img.width
this.canvasHeight = Img.height
let result = Img.width / preWidth
return result
},
```

#### 4．测试

在浏览器中访问 http://localhost:8080/#/，页面返回结果如图 5-11 所示，接口返回参数和 Data 参数分别如表 5-3 和表 5-4 所示。

图 5-11　车牌识别测试示例

表 5-3　接口返回参数

| 返回值名称 | 类　　型 | 描　　述 |
| --- | --- | --- |
| code | int | 返回结果，0 表示成功，非 0 表示对应错误号 |
| msg | int | 返回描述 |
| data | object | 返回的数据见下文 |

表 5-4　Data 参数

| 返回值名称 | 类　　型 | 描　　述 |
| --- | --- | --- |
| x | int | 车牌 $x$ 坐标（以图片左上角为原点） |
| y | int | 车牌 $y$ 坐标（以图片左上角为原点） |
| width | int | 车牌宽度 |
| height | int | 车牌高度 |
| color | string | 车牌颜色 |
| plate | string | 车牌号码 |

返回示例如下。

```
{
    "code": 0,
    "msg": "成功",
    "data": [{
        "width": 75,
        "height": 21,
        "x": 314,
        "y": 177,
        "color": "blue",
        "plate": "粤 FQK883"
    }]
}
```

### 5.3.2　车型识别接口调用

车型识别技术是智能交通系统中极为重要的一环，目前主要应用在 3 个方面：一是公路收费系统，它不仅能提高公路收费系统的工作效率，还能有效监督收费站的工作人员在工作中是否存在违规收费行为；二是车辆管理系统，可以快速识别出车辆套牌等违法行为，在一定程度上减少交通事故隐患；三是公安侦缉系统，能够协助公安部门对交通肇事逃逸事件或其他犯罪活动进行调查。

#### 1．接口参数说明

（1）接口描述。针对上传的某一张图片，识别该图像中车辆的颜色及车型。

（2）请求说明。

HTTP 方法如下。

POST

请求 URL 如下。

http://ai.cstor.cn/api/vehicle_type

（3）HTTP 的 header 参数如表 5-5 所示。

表 5-5　HTTP 的 header 参数

| 参 数 名 称 | 类　　型 | 备　　注 |
| --- | --- | --- |
| appId | | 应用 ID |
| timestamp | | 时间戳/s |
| nonce | | 随机字符串 |
| sign | | 接口请求签名，待计算 |

（4）业务参数如表 5-6 所示。

表 5-6　业务参数

| 参 数 名 称 | 类　　型 | 备　　注 |
| --- | --- | --- |
| img | string | 图像数据，base64 编码后进行 urlencode 编码，要求 base64 编码和 urlencode 编码后大小不超过 4 MB。图片的 base64 编码是包含图片头的，如 data:image/jpg;base64，支持的图片格式有 jpg、bmp、png，最短边至少为 50 px，最长边最大为 4096 px |

**2．前端接口调用实现**

1）页面展示

车型识别页面展示如图 5-12 所示。

图 5-12　车型识别页面展示

2）HTML 部分

搭建框架，将页面的大概架构展示出来。

```html
<div class="main">
  <div class="demo_title">
    <h3>功能演示</h3>
    <p>车型识别技术要求能够将运动中的车辆从复杂背景中提取并识别出来</p>
    <p>通过一系列算法，识别车辆类型、颜色等信息</p>
  </div>
  <div class="demo_body">
    <div class="request">
      <div class="image-container">
        <div class="imageContainerResult">
          <div class="showScanFlag" v-show="showScanFlag"> </div>
          <img :src="request_img" ref="ref_request_img" class="requestImg">
        </div>
      </div>
      <el-row>
        <el-col :span="10" :offset="3">
          <el-upload class="img-upload"
action="false" :show-file-list="false" :auto-upload="false"
ref="upload" :on-change="imgChange">
            <el-button plain>上传图片<i class="el-icon-upload el-icon--right"></i></el-button>
          </el-upload>
        </el-col>
        <el-col :span="10" :offset="1">
          <el-button type="primary" @click.native="detect()">检测</el-button>
        </el-col>
      </el-row>
      <div class="img_menu">
        <ul class="img_menu_ul">
```

```
            <li @click="imgMenuClick(item)"
class="img_menu_li" :class="menuId==item.id?'active':'"" v-for="(item,index) in
imgMenu" :key="index">
                <img :src="item.src">
            </li>
        </ul>
    </div>
  </div>
  <div class="result">
    <el-tabs class="tabs" type="border-card" :stretch="true">
      <el-tab-pane label="识别结果">
        <div class="result_body1">
          <span class="span_style">车型：
</span><span>{{vehicle_type}}</span><br><br>
          <span class="span_style">颜色： </span><span>{{color}}</span>
        </div>
      </el-tab-pane>
      <el-tab-pane label="Response JSON">
        <div class="result_body2">
          <el-input type="textarea" v-model="textarea" :readonly="true"
resize="none" :rows="33">
          </el-input>
        </div>
      </el-tab-pane>
    </el-tabs>
  </div>
 </div>
</div>
```

3）js 部分

参照车牌管理的方法，需要调用车型的接口，代码如下。

```
export function vehicleType(params) {
  return request({
    method: 'post',
    url: 'http://ai.cstor.cn/api/vehicle_type/file',
    data: params
  }).then(res => {
      return res;
  });
}
```

其他 js 上传图片和检测图片的代码模块与车牌识别相同，这里不再一一讲解，可参考 5.3.1 节车牌识别前端接口的调用方法。

**3．测试**

在浏览器中访问 http://localhost:8080/#/，页面返回结果如图 5-13 所示，接口返回参数和 Data 参数分别如表 5-7 和表 5-8 所示。

图 5-13 车型识别测试示例

表 5-7 接口返回参数

| 返回值名称 | 类 型 | 描 述 |
|---|---|---|
| code | int | 返回结果，0 表示成功，非 0 表示对应错误号 |
| msg | int | 返回描述 |
| data | object | 返回的数据见下文 |

表 5-8 Data 参数

| 返回值名称 | 类 型 | 描 述 |
|---|---|---|
| vtype | string | 车型 |
| vcolor | string | 车辆颜色 |

返回示例如下。

```
{
    "code": 0,
    "msg": "成功",
    "data": [
        {
            "vtype": "皮卡",
            "plate": "粤 FQK883",
            "vcolor": "灰"
        }
    ]
}
```

## 习题

1. 什么是车辆识别？
2. 车辆识别的过程是怎样的？
3. 上传一张车辆图片，如何调用接口文档将识别的车辆信息展示出来？
4. 上传一张车型图片，如何调用接口文档展示车辆的车型信息？

# 参考文献

[1] 徐彩云. 图像识别技术研究综述[J]. 电脑知识与技术, 2013 (10): 2446-2447.

[2] 高晶辉. 基于计算机网络技术的车辆识别技术的研究[J]. 煤炭技术, 2011, 30 (2): 184-186.

[3] 刘建伟, 刘媛, 罗雄麟. 深度学习研究进展[J]. 计算机应用研究, 2014, 31 (7): 1921-1930.

[4] 陈钱, 柏连发, 张保民. 红外图像直方图双向均衡技术研究[J]. 红外与毫米波学报, 2003 (6): 428-430.

[5] 焦李成, 杨淑媛, 刘芳, 等. 神经网络七十年: 回顾与展望[J]. 计算机学报, 2016, 39 (8): 1697-1716.

[6] 邓天民, 邵毅明, 崔建江. 一种车型识别算法及其应用[C]//中国仪器仪表学会. 计算机技术与应用进展: 全国第 17 届计算机科学与技术应用 (CACIS) 学术会议论文集 (上册). 合肥: 中国科学技术大学出版社, 2006: 471-474.

[7] 百度 AI 开放平台. https://ai.baidu.com/.

[8] 郭磊, 李克强, 王建强, 等. 一种基于特征的车辆检测方法[J]. 汽车工程, 2006, 28 (11): 1031-1035.

# 第 6 章

# 语音识别

随着物联网的兴起，人机之间的交互显得越来越重要。天马行空的人脑与机器交互太过遥远，机械般的指令输入又显得过于烦琐且没有科技感，于是语音识别就成为现代社会人机交互最重要的一个环节。例如我们回到家打开门后，说"打开灯"，客厅的灯马上就亮起来；说"打开电视机播放××节目"，电视机马上播放我们想看的节目；说"打开空调到 22℃"，空调立即启动并调节温度；等等。这些智能化的生活都离不开语音交流，因此语音识别就成为重中之重。下面我们就来了解语音识别的魅力所在。

## 6.1 语音识别介绍

### 6.1.1 语音识别的概念

语音识别技术就是让智能设备听懂人类的语音。它是一门涉及数字信号处理、人工智能、语言学、数理统计学、声学、情感学及心理学等多学科交叉的科学。这项技术可以提供诸如自动客服、自动语音翻译、命令控制、语音验证码等多项应用。近年来，随着人工智能的兴起，语音识别技术在理论和应用方面都取得了重大突破，开始从实验室走向市场，已逐渐走进我们的日常生活。现在语音识别已应用于许多领域，主要包括语音识别听写器、语音寻呼和答疑平台、自主广告平台、智能客服等[1]。

### 6.1.2 语音识别的原理

语音识别的本质是一种基于语音特征参数的模式识别，即通过学习，系统能够把输入的语音按一定模式进行分类，进而依据判定准则找出最佳匹配结果。目前，模式匹配原理已经被应用于大多数语音识别系统中。图 6-1 所示为基于模式匹配原理的语音识别系统框架图。

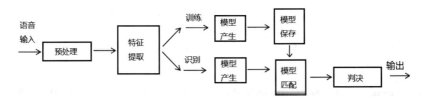

图 6-1　语音识别系统框架图

一般的模式识别包括预处理、特征提取、模式匹配等基本模块。如图 6-1 所示，首先对输入的语音进行预处理，包括分帧、加窗、预加重等。其次是特征提取，因此选择合适的特征参数尤为重要。常用的特征参数包括基音周期、共振峰、短时平均能量或幅度、线性预测系数（LPC）、感知加权预测系数（PLP）、短时平均过零率、线性预测倒谱系数（LPCC）、自相关函数、梅尔倒谱系数（MFCC）、小波变换系数、经验模态分解系数（EMD）、伽马通滤波器系数（GFCC）等[2]。在进行实际识别时，要对测试语音按训练过程产生模板，最后根据失真判决准则进行识别。常用的失真判决准则有欧式距离、协方差矩阵与贝叶斯距离等。

### 6.1.3　语音识别技术简介

从语音识别算法的发展来看，语音识别技术主要分为三大类：第一类是模型匹配法，包括矢量量化（VQ）、动态时间规整（DTW）等；第二类是概率统计方法，包括高斯混合模型（GMM）、隐马尔科夫模型（HMM）等；第三类是辨别器分类方法，如支持向量机（SVM）、人工神经网络（ANN）和深度神经网络（DNN）等以及多种组合方法[3]。下面对主流的识别技术进行简单介绍。

#### 1. 动态时间规整（DTW）

在语音识别中，由于语音信号的随机性，即使同一个人发的同一个音，只要说话环境和情绪不同，时间长度也不尽相同，因此时间规整是必不可少的。DTW 是一种将时间规整与距离测度有机结合的非线性规整技术，在语音识别时，需要把测试模板与参考模板进行实际比对和非线性伸缩，并依照某种距离测度选取距离最小的模板作为识别结果输出。DTW 技术的引入，将测试语音映射到标准语音时间轴上，使长短不等的两个信号最后通过时间轴弯折达到一样的时间长度，进而使匹配差别达到最小，结合距离测度，得到测试语音与标准语音之间的距离。

#### 2. 支持向量机（SVM）

SVM 是建立在 VC 维理论和结构风险最小理论基础上的分类方法。它根据有限样本信息在模型复杂度与学习能力之间寻求最佳折中。从理论上说，SVM 就是一个简单的寻优过程，它解决了神经网络算法中局部极值的问题，得到的是全局最优解。SVM 已经成功地应用到语音识别中，并表现出良好的识别性能[4]。

#### 3. 矢量量化（VQ）

VQ 是一种广泛应用于语音和图像压缩编码等领域的重要信号压缩技术，思想来自香农定率-失真理论。其基本原理是把每帧特征矢量参数在多维空间中进行整体量化，在信息量损失较小的情况下对数据进行压缩。因此，它不仅可以减小数据存储，还能提高系统运行速度，保证语音编码质量和压缩效率，一般应用于小词汇量的孤立词语音识别系统。

### 4．隐马尔科夫模型（HMM）

HMM 是一种统计模型，目前多应用于语音信号处理领域。在该模型中，马尔科夫（Markov）链中的一个状态是否转移到另一个状态取决于状态转移概率，而某一状态产生的观察值取决于状态生成概率[5]。在进行语音识别时，HMM 首先为每个识别单元建立发声模型，通过长时间训练得到状态转移概率矩阵和输出概率矩阵，在识别时根据状态转移过程中的最大概率进行判决。

### 5．高斯模型

高斯模型是单一高斯概率密度函数的延伸，能够平滑地近似任意形状的密度分布。高斯模型可分为单高斯模型（single Gaussian model，SGM）和高斯混合模型（Gaussian mixture model，GMM）两类。类似于聚类，根据高斯概率密度函数（probability density function，PDF）的参数不同，每一个高斯模型可以看作一种类别，输入一个样本 x，即可通过 PDF 计算其值，然后通过一个阈值判断该样本是否属于高斯模型。很明显，SGM 适用于仅有两种类别问题的划分；而 GMM 由于具有多个模型，划分更为精细，因而适用于多种类别的划分，可以应用于复杂对象建模。目前在语音识别领域，GMM 需要和 HMM 一起构建完整的语音识别系统。

### 6．人工神经网络（ANN）

ANN 于 20 世纪 80 年代末被提出，其本质是一个基于生物神经系统的自适应非线性动力学系统，它旨在充分模拟神经系统执行任务的方式。如同人的大脑一样，神经网络由相互联系、相互影响各自行为的神经元构成，这些神经元也被称为节点或处理单元。神经网络通过大量节点模仿人类神经元活动，并将所有节点连接成信息处理系统，以此来反映人脑功能的基本特性。尽管 ANN 模拟和抽象人脑功能很精准，但它毕竟是人工神经网络，只是一种模拟生物感知特性的分布式并行处理模型[6]。ANN 的独特优点及其强大的分类能力和输入输出映射能力促成其在许多领域被广泛应用，特别是在语音识别、图像处理、指纹识别、计算机智能控制及专家系统等领域。但从当前语音识别系统来看，由于 ANN 对语音信号的时间动态特性描述不够充分，因此大部分语音识别系统采用 ANN 与传统识别算法相结合的方式。

### 7．深度神经网络/深信度网络-隐马尔科夫（DNN/DBN-HMM）

当前诸如 ANN、BP 等多数分类的学习方法都是浅层结构算法，与深层结构算法相比存在局限性。尤其当样本数据有限时，它们表征复杂函数的能力明显不足。深度学习可通过学习深层非线性网络结构，实现复杂函数逼近，表征输入数据分布式，并展现从少数样本集中学习本质特征的强大能力。在深度结构非凸目标代价函数中普遍存在的局部最小问题是训练效果不理想的主要根源。为了解决以上问题，提出基于深度神经网络

（DNN）的非监督贪心逐层训练算法，它利用空间相对关系减少参数数目以提高神经网络的训练性能。相比传统的基于 GMM-HMM 的语音识别系统，其最大的改变是采用 DNN 替换 GMM 模型对语音的观察概率进行建模[7]。最初主流的深度神经网络是最简单的前馈型深度神经网络（feedforward deep neural network，FDNN）。DNN 相比 GMM 的优势在于：① 使用 DNN 估计 HMM 的状态的后验概率分布不需要对语音数据分布进行假设；② DNN 的输入特征可以是多种特征的融合，包括离散的或者连续的；③ DNN 可以利用相邻的语音帧所包含的结构信息。基于 DNN-HMM 识别系统的模型如图 6-2 所示。

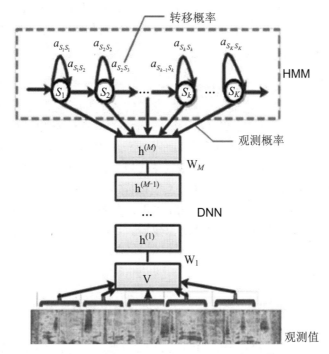

图 6-2　基于 DNN-HMM 识别系统的模型[7]

### 8. 循环神经网络（RNN）

语音识别需要对波形进行加窗、分帧、提取特征等预处理。训练 GMM 时，输入特征一般只能是单帧的信号，而对于 DNN 可以采用拼接帧作为输入，这是 DNN 相比 GMM 可以获得很大性能提升的关键因素。然而，语音是一种各帧之间具有很强相关性的复杂时变信号，这种相关性主要体现在说话时的协同发音现象上，往往前后好几个字对我们正要说的字都有影响，也就是语音的各帧之间具有长时相关性。采用拼接帧的方式可以学到一定程度的上下文信息。但是由于 DNN 输入的窗长是固定的，学习到的是固定输入到输入的映射关系，从而导致 DNN 对于时序信息的长时相关性的建模是较弱的。

考虑到语音信号的长时相关性，一个自然而然的想法是选用具有更强长时建模能力的神经网络模型。于是，循环神经网络（recurrent neural network，RNN）近年来逐渐替代传统的 DNN 成为主流的语音识别建模方案。如图 6-3 所示，相比前馈型神经网络 DNN，RNN 在隐层上增加了一个反馈连接，也就是说，RNN 隐层当前时刻的输入有一部分是前一时刻的隐层输出，这使 RNN 可以通过循环反馈连接看到前面所有时刻的信息，这赋予了 RNN 记忆功能。这些特点使 RNN 非常适合用于对时序信号的建模。

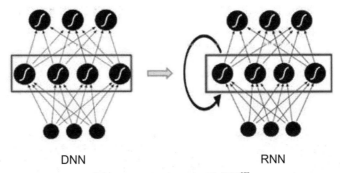

DNN　　　　　　　　　RNN

图 6-3　DNN 和 RNN 示意图[7]

### 9. 长短时记忆模块（LSTM）

长短时记忆模块（long-short term memory，LSTM）的引入解决了传统简单 RNN 梯度消失等问题，使 RNN 框架可以在语音识别领域实用化并获得了超越 DNN 的效果，目前已经用于业界一些比较先进的语音系统中[8]。除此之外，研究人员还在 RNN 的基础上做了进一步改进工作，图 6-4 是当前语音识别中的主流 RNN 声学模型框架，主要包含两部分：深层双向 RNN 和序列短时分类（connectionist temporal classification，CTC）输出层。其中深层双向 RNN 对当前语音帧进行判断时，不仅可以利用历史的语音信息，还可以利用未来的语音信息，从而进行更加准确的决策；CTC 使训练过程无须进行帧级别的标注，可实现有效的"端对端"训练。

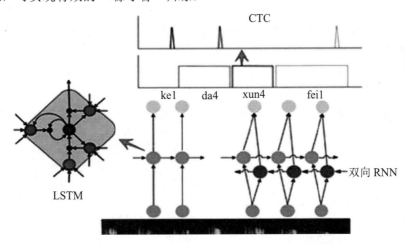

图 6-4　基于 RNN-CTC 的主流语音识别系统框架[7]

### 10. 卷积神经网络（CNN）

CNN 早在 2012 年就被用于语音识别系统，并且一直以来都有很多研究人员积极投身于基于 CNN 的语音识别系统的研究，但始终没有大的突破。最主要的原因是，他们没有突破传统前馈神经网络采用固定长度的帧拼接作为输入的思维定式，从而无法看到足够长的语音上下文信息。另外，他们只是将 CNN 视作一种特征提取器，因此所用的卷积层数很少，一般只有一到两层，这样的卷积网络表达能力十分有限。针对这些问题，研究人员提出了一种名为深度全序列卷积神经网络（deep fully convolutional neural network，DFCNN）的语音识别框架，使用大量的卷积层直接对整句语音信号进行建模，更好地表达了语音的长时相关性。

DFCNN 的结构如图 6-5 所示，它直接将一句语音转化成一张图像作为输入，即先对每帧语音进行傅里叶变换，再将时间和频率作为图像的两个维度，然后通过非常多的卷积层和池化（pooling）层的组合，对整句语音进行建模，输出单元直接与最终的识别结果（如音节或者汉字）相对应。

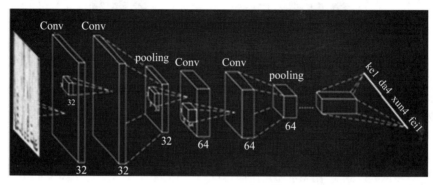

图 6-5　DFCNN 示意图[7]

## 6.2　语音识别的过程

将 60 s 以内的语音精准识别为文字，可适用于手机语音输入、智能语音交互、语音指令、语音搜索等短语音交互场景；支持普通话和略带口音的中文识别，支持粤语、四川话方言识别，支持英文识别。

本书使用百度 AI 开放平台 Android 版 SDK，使用者需要到 AI 开放平台注册开发者账号。SDK 描述了短语音识别、离线自定义命令词识别、远场语音识别、语音唤醒、语义解析与对话管理等相关接口的使用说明。SDK 内部均采用流式协议，即用户边说边处理。

### 6.2.1　兼容性

兼容性如表 6-1 所示。

表 6-1　兼容性

| 类　　别 | 兼　容　范　围 |
| --- | --- |
| 系统 | 支持 Android 4.0.3 以上版本 API LEVEL 15 |
| 机型 | 上市的 Android 手机和平板式计算机。对其他 Android 设备及定制系统不提供官方支持 |
| 硬件要求 | 要求设备上有麦克风 |
| 网络 | 支持移动网络（包括 2G、3G、4G 等）、Wi-Fi 等网络环境 |
| 开发环境 | 建议使用最新版本的 Android Studio 进行开发 |

## 6.2.2　功能简介

### 1．语音识别

将录音转为文字。目前在线识别支持普通话、英文、粤语和四川话。

（1）支持音频格式：默认为麦克风输入，可以设置参数为 pcm 格式、16k 采样率、16bit、小端序、单声道的音频流输入。

（2）语言及模型设置：支持中文普通话（能识别简单的常用英语）、英语、粤语、四川话识别。通过在请求时配置不同的 pid 参数，选择对应模型。

（3）离线命令词：断网时识别固定的预定义短语（定义在 bsg 文件中）。SDK 强制优先使用在线识别。

（4）唤醒词：识别预定义的"关键词"。这个"关键词"必须在一句话的开头。

离线命令词和唤醒词功能首次使用必须联网，SDK 自动更新授权，失效前必须再次联网。

### 2．语义理解与对话管理

提取语音识别出的文字意图与关键信息，进行分词并找出意图和词槽，做出回应。

## 6.2.3　录音环境

百度短语音识别（含唤醒）要求环境安静、真人正常语速的日常用语，并且不能多个人同时发音。

在以下场景中发音会导致识别或者唤醒效果变差，发生错误，甚至没有结果。

（1）吵杂的环境。

（2）有背景音乐，包括扬声器在播放百度合成的语音。

（3）离麦克风较远的场景（应该选择远场语音识别）。

以下场景的录音可能没有正确的识别结果。

（1）音频里有技术专业名称或者用语（技术专业名称可到自训练平台改善）。

（2）音频里是某个专业领域的对话，非日常用语，如专业会议、动画片等。

百度识别和合成 SDK 相互独立，没有类似"相互抵消"的功能。建议先收集一定数量的真实环境测试集，按照测试集评估并反馈。

SDK 下载地址为 https://ai.baidu.com/sdk#asr。

## 6.2.4　DEMO 压缩包说明

DEMO 压缩包下载即可运行，其中 DEMO 内已经附带了 SDK 的库。

（1）bdasr_V3_xxx_xxx.jar 位于 core/libs 目录下。

（2）armeabi、armeabi-v7a、arm64-v8a、x86、x86_64 等 5 个架构目录位于 core/src/main/jniLibs 目录下。

### 6.2.5　接入开放平台

（1）单击百度 AI 开放平台导航右侧的控制台，选择需要使用的 AI 服务项。若为未登录状态，将跳转单登录界面，需要使用百度账号登录。

（2）首次使用，登录后将会进入开发者认证页面，需要填写相关信息完成开发者认证。（注：如果之前已经是百度云用户或百度开发者中心用户，此步可略过。）

（3）通过控制台左侧导航，选择"产品服务"→"人工智能"选项，进入具体 AI 服务项的控制面板（如语音技术、文字识别等），进行相关业务操作，如图 6-6 所示。

图 6-6　百度 AI 平台

账号登录成功后，需要创建应用才可以正式调用 AI 功能。应用是用户调用 API 服务的基本操作单元，用户可以基于应用创建成功后获取的 API Key 及 Secret Key，进行接口调用操作及相关配置操作。

创建完成后，用户需要使用创建应用所分配的 AppID、API Key 及 Secret Key，进行 Access Token（用户身份验证和授权的凭证）的生成，示例代码如下。

```java
OCR.getInstance(this).initAccessToken(new OnResultListener<AccessToken>() {
    @Override
    public void onResult(AccessToken accessToken) {
        String token = accessToken.getAccessToken();

    }

    @Override
    public void onError(OCRError error) {
        error.printStackTrace();
    }
}, mContext);
```

## 6.2.6 AndroidManifest.xml 文件

设置权限。

```
<uses permission android:name="android.permission.RECORD_AUDIO" />
<uses-permission android:name="android.permission.ACCESS_NETWORK_STATE" />
<uses-permission android:name="android.permission.INTERNET" />
<uses-permission android:name="android.permission.WRITE_EXTERNAL_STORAGE" />
```

设置 APP_ID、APP_KEY、SECRET_KEY。

```
<meta-data android:name="com.baidu.speech.APP_ID"
    android:value="9788136" />
<meta-data
    android:name="com.baidu.speech.API_KEY"
    android:value="0GjQNO5H4pGPf9HyA3AmZEbz" />
<meta-data
    android:name="com.baidu.speech.SECRET_KEY"
    android:value="db981ef3ec647ba8a09b599ad7447a24" />
```

也可以作为识别和唤醒的参数填入这 3 个鉴权信息。AndroidManifest.xml 填写方式仅供测试使用，上线后应使用 APP_ID、APP_KEY、SECRET_KEY 填写鉴权信息，建议在代码里直接传入 APP_ID、APP_KEY、SECRET_KEY，可参考在线识别具体功能参数的鉴权信息部分，填写这 3 个鉴权信息。

```java
/**
 * Android 6.0 以上版本需要动态申请权限
 */
private void initPermission() {
    String permissions[] = {Manifest.permission.RECORD_AUDIO,
            Manifest.permission.ACCESS_NETWORK_STATE,
            Manifest.permission.INTERNET,
            Manifest.permission.WRITE_EXTERNAL_STORAGE
    };

    ArrayList<String> toApplyList = new ArrayList<String>();

    for (String perm :permissions){
        if (PackageManager.PERMISSION_GRANTED !=
ContextCompat.checkSelfPermission(this, perm)) {
            toApplyList.add(perm);
            //进入这里代表没有权限

        }
    }
    String tmpList[] = new String[toApplyList.size()];
    if (!toApplyList.isEmpty()){
        ActivityCompat.requestPermissions(this, toApplyList.toArray(tmpList), 123);
    }
```

```
    }

    @Override
    public void onRequestPermissionsResult(int requestCode, String[] permissions, int[]
    grantResults) {
        //此处为 Android 6.0 以上版本动态授权的回调，用户自行实现
```

### 6.2.7 语音识别主要步骤

第一步：初始化 dialog，设置 dialog 的显示样式、宽高和界面布局。

第二步：设置按钮文本状态，初始化 EventManager 对象，创建语音识别管理器。

第三步：implements 实现自定义输出事件类，用 onEvent()方法实现输出事件回调接口。

第四步：设置识别输入参数，单击"开始"按钮，发送开始事件。

第五步：用 onEvent()方法回调解析语音识别结果，打印内容。

第六步：添加取消和停止方法。

代码中所需工具类 AutoCheck 可从 http://envpro.cstor.cn/static/package1.rar 网址下载。

步骤一：初始化 dialog。创建 dialog 类，继承 Dialog：public class BDlistenerDialog extends Dialog。

```
//设置构造函数方法，初始化 dialog，设置 dialog 的显示样式、宽高和界面布局
public BDlistenerDialog(Context context, String languageType, ListenerListener l) {
    //设置 dialog 显示风格，包括背景色、透明度、标题和浮动等
    super(context, R.style.dialog);
    this.mContext = context;
    //设置语音识别的语言
    this.languageType = languageType;
    this.listener = l;
    //设置弹窗内容
    setContentView(R.layout.dialog_listener);
    //设置弹窗动画
    getWindow().setWindowAnimations(R.style.PopupAnimation);
    DisplayMetrics dm = new DisplayMetrics();
    //获取屏幕大小
    ((Activity) mContext).getWindowManager().getDefaultDisplay().getMetrics(dm);
    int screenWidth = dm.widthPixels;
    Window dialogWindow = this.getWindow();
    //获取对话框当前的参数值
    WindowManager.LayoutParams p = dialogWindow.getAttributes();
    //高度设置为屏幕的 0.4
    p.height = (int) (LayoutParams.WRAP_CONTENT);
    //宽度设置为屏幕的 0.8
    p.width = (int) (screenWidth * 0.95);
    //设置自定义窗口属性
    dialogWindow.setAttributes(p);
    //初始化 xml 布局
    initView();
    //设置按钮状态，默认为空闲状态
```

```
        setState(State.IDLE);
        //默认空闲状态，初始化 EventManager 对象
        toggleReco();
}
//设置布局方法块，提取全局变量
//初始化布局
    private void initView() {
        restart_button = (TextView) findViewById(R.id.restart_button);//重试
        restart_button
                .setOnClickListener(new View.OnClickListener() {
                    @Override
                    public void onClick(View arg0) {
                        restart_button.setVisibility(View.GONE);
                        listener_button.setVisibility(View.VISIBLE);
                        start();
                        setState(State.LISTENING);
                    }
                });
        listener_button = (TextView) findViewById(R.id.listener_button);//语音监听
        listener_button
                .setOnClickListener(new View.OnClickListener() {
                    @Override
                    public void onClick(View arg0) {
                        WRLongSpeech();
                        listener_button.setText("正在处理中");

listener_button.setBackgroundColor(mContext.getResources().getColor(R.color.b_grey));
                    }
                });
        cancel_img = (ImageView) findViewById(R.id.cancel_img);
        cancel_img.setOnClickListener(new View.OnClickListener() {
            @Override
            public void onClick(View arg0) {
                stop();
                dismiss();
                cancel();
            }
        });
        Listener_type = (TextView) findViewById(R.id.Listener_type);
        tran_text = (TextView) findViewById(R.id.tran_text);
    }
    private enum State {
        IDLE, LISTENING, PROCESSING
    }
```

XML 布局代码如下。

```
<?xml version="1.0" encoding="utf-8"?>
<LinearLayout xmlns:android="http://schemas.android.com/apk/res/android"
    android:layout_width="fill_parent"
    android:layout_height="wrap_content"
```

```
android:background="#ffffff"
android:orientation="vertical" >
<View
    android:layout_width="fill_parent"
    android:layout_height="10dip" />
<RelativeLayout
    android:layout_width="match_parent"
    android:layout_height="40dp" >
    <TextView
        android:id="@+id/Listener_type"
        android:layout_width="wrap_content"
        android:layout_height="40dp"
        android:layout_centerInParent="true"
        android:gravity="center"
        android:text="请说话"
        android:textColor="#AA000000"
        android:textSize="18sp" />
    <ImageView
        android:id="@+id/cancel_img"
        android:layout_width="20dp"
        android:layout_height="20dp"
        android:layout_alignParentRight="true"
        android:layout_centerInParent="true"
        android:layout_marginRight="15dp"
        android:src="@mipmap/cancel_default" />
</RelativeLayout>
<TextView
    android:id="@+id/tran_text"
    android:layout_width="fill_parent"
    android:layout_height="wrap_content"
    android:layout_marginLeft="10dip"
    android:layout_marginRight="10dip"
    android:background="@drawable/dialog_edit_rect"
    android:fadingEdge="none"
    android:gravity="left|top"
    android:hint="识别中"
    android:minLines="5"
    android:padding="5dip"
    android:scrollbars="none"
    android:singleLine="false"
    android:textColor="#272727"
    android:textSize="16sp" />

<View
    android:layout_width="fill_parent"
    android:layout_height="5dip" />
<TextView
    android:id="@+id/listener_button"
    android:layout_width="fill_parent"
    android:layout_height="wrap_content"
    android:layout_marginBottom="3dp"
```

```
                android:background="@drawable/dialog_button_bg"
                android:gravity="center"
                android:padding="10dip"
                android:text="说完了"
                android:textColor="#ffffff"
                android:textSize="18sp" />
        <TextView
                android:id="@+id/restart_button"
                android:layout_width="fill_parent"
                android:layout_height="wrap_content"
                android:layout_marginBottom="3dp"
                android:background="@drawable/dialog_button_bg"
                android:gravity="center"
                android:padding="10dip"
                android:text="请重试"
                android:textColor="#ffffff"
                android:textSize="18sp"
                android:visibility="gone" />
</LinearLayout>
```

步骤二：设置按钮文本状态，初始化 EventManager 对象，创建语音识别管理器。

```
    /**
     * 设置状态并更新按钮文本
     */
    private void setState(State newState) {
        state = newState;
        switch (newState) {
            case IDLE://空闲
                // listener_button.setText("识别");
                Listener_type.setText("识别");
                listener_button.setText("初始化...");
listener_button.setBackgroundColor(mContext.getResources().getColor(R.color.b_grey));
                listener_button.setClickable(false);
                break;
            case LISTENING://聆听
                // listener_button.setText("聆听中");
                Listener_type.setText("聆听中");
                listener_button.setText("说完了");
                listener_button.setBackgroundColor(android.graphics.Color
                        .parseColor("#3C97DF"));
                listener_button.setClickable(true);
                break;
            case PROCESSING://处理中，按钮禁止单击
                // listener_button.setText("处理中");
                Listener_type.setText("处理中");
                listener_button.setText("正在处理中");

listener_button.setBackgroundColor(mContext.getResources().getColor(R.color.b_grey));
                listener_button.setClickable(false);
                break;
```

```
        }
    }
    /**
     * 根据当前状态，执行初始化、停止和取消操作
     */
    private void toggleRecog() {
        switch (state) {
            case IDLE:
                //初始化 EventManager 对象
                recognize();
                break;
            case LISTENING:
                stopRecording();
                break;
            case PROCESSING:
                cancel();
                break;
        }
}
    /**
     * 初始化 EventManager 对象
     */
    private void recognize() {
        //初始化 EventManager 对象，通过工厂创建语音识别的事件管理器
        //注意识别事件管理器只能维持一个，请勿同时使用多个实例
        //即创建一个新的识别事件管理器后，将之前的识别事件管理器置为 null，并不再使用
        asr = EventManagerFactory.create(mContext, "asr");
        //自定义输出事件类
        asr.registerListener(this);
        if (enableOffline) {
            //测试离线命令词开启，测试 ASR_OFFLINE_ENGINE_GRAMMER_FILE_PATH
参数时开启
            loadOfflineEngine();
        }
        start();
        //初始化完成，聆听中
        setState(State.LISTENING);
    }
    /**
     * enableOffline 设为 true 时，在 onCreate 中调用
     * 基于 SDK 离线命令词 1.4 加载离线资源（离线时使用）
     */
    private void loadOfflineEngine() {
        Map<String, Object> params = new LinkedHashMap<String, Object>();
        params.put(SpeechConstant.DECODER, 2);
        params.put(SpeechConstant.ASR_OFFLINE_ENGINE_GRAMMER_FILE_PATH,
"assets://baidu_speech_grammar.bsg");
        asr.send(SpeechConstant.ASR_KWS_LOAD_ENGINE, new JSONObject(params).
toString(), null, 0, 0);
    }
    /**
```

```
 * enableOffline 为 true 时，在 onDestory 中调用，与 loadOfflineEngine 对应
 * 基于 SDK 集成 5.1 卸载离线资源步骤（离线时使用）
 */
private void unloadOfflineEngine() {
    asr.send(SpeechConstant.ASR_KWS_UNLOAD_ENGINE, null, null, 0, 0); //
}
```

步骤三：添加事件。

implements 实现自定义输出事件类，用 onEvent()方法实现输出事件回调接口。

```
implements EventListener
//基于 SDK 集成 1.2 自定义输出事件类 EventListener 回调方法
//基于 SDK 集成 3.1 开始回调事件
@Override
public void onEvent(String name, String params, byte[] data, int offset, int length) {
    String logTxt = "回调 name: " + name;
}
/**
 * 基于 SDK 集成 2.2 发送开始事件
 * 单击 "开始" 按钮
 * 测试参数填在这里
 */
private void start() {
    //设置识别输入参数
    Map<String, Object> params = new LinkedHashMap<String, Object>();
    String event = SpeechConstant.ASR_START; //替换成测试的 event
    if (enableOffline) {
        params.put(SpeechConstant.DECODER, 2);
    }
    //基于 SDK 集成 2.1 设置识别参数
    //是否需要语音音量数据回调，开启后有 CALLBACK_EVENT_ASR_VOLUME 事件回调
    params.put(SpeechConstant.ACCEPT_AUDIO_VOLUME, false);
    //控制语音检测的方法（更换参数可以手动结束）
    params.put(SpeechConstant.VAD, SpeechConstant.VAD_DNN);
    if (languageType.equals("zh-CN") || languageType.equals("zh-TW")) {
        params.put(SpeechConstant.PID, 15373); //中文输入法模型，加强标点（逗号、
句号、问号、感叹号）
    } else if (languageType.equals("zh-HK")) {
        params.put(SpeechConstant.PID, 16372); //粤语，加强标点（逗号、句号、问号、
感叹号）
    } else if (languageType.equals("en-GB")) {
        params.put(SpeechConstant.PID, 17372); //英语，加强标点（逗号、句号、问号、
感叹号）
    }
    //复制此段可以自动检测错误
    (new AutoCheck(mContext, new Handler() {
        public void handleMessage(Message msg) {
            if (msg.what == 100) {
                AutoCheck autoCheck = (AutoCheck) msg.obj;
                synchronized (autoCheck) {
                    String message = autoCheck.obtainErrorMessage();
```

```
//autoCheck.obtainAllMessage();
                        //可以用下面一行替代，在 logcat 中查看代码
                        Log.w("AutoCheckMessage", message);
                    }
                }
            }
    }, enableOffline)).checkAsr(params);
    //这里可以替换成需要测试的 json
    String json = new JSONObject(params).toString();
    //发送开始事件
    asr.send(event, json, null, 0, 0);
}
```

步骤四：EventListener 回调方法。

```
/**
 * 基于 SDK 集成 1.2 自定义输出事件类 EventListener 回调方法
 * 基于 SDK 集成 3.1 开始回调事件
 */
@Override
public void onEvent(String name, String params, byte[] data, int offset, int length) {
    String logTxt = "回调 name: " + name;
    if (params != null && !params.isEmpty()) {
        logTxt += " ;回调 params :" + params;
    }
    if (name.equals(SpeechConstant.CALLBACK_EVENT_ASR_READY)) {
        Log.d(TAG,"引擎就绪，可以开始说话。");
        setState(State.LISTENING);
    } else if (name.equals(SpeechConstant.CALLBACK_EVENT_ASR_BEGIN)) {
        Log.d(TAG,"检测到说话开始。");
    } else if (name.equals(SpeechConstant.CALLBACK_EVENT_ASR_END)) {
        Log.d(TAG,"检测到说话结束。" + name);
        Log.d(TAG,"检测到说话结束 :" + params + "data:" + data + "offset:" + offset);
        setState(State.PROCESSING);
    } else if (name.equals(SpeechConstant.CALLBACK_EVENT_ASR_FINISH)) {
        Log.d(TAG,"识别结束，可能包含错误信息。");
        if (params != null && params.contains("\"error\"")) {
            Log.d(TAG,", 错误领域: " + params.toString());
        } else if (params != null && params.contains("\"sub_error\"")) {
            Log.d(TAG,", 错误码: " + params.toString());
        } else if (params != null && params.contains("\"desc\"")) {
            Log.d(TAG,", 错误描述: " + params.toString());
        }
    } else if (name.equals(SpeechConstant.CALLBACK_EVENT_ASR_LONG_SPEECH))
{
        Log.d(TAG,"长语音额外的回调，表示长语音识别结束。");
    } else if (name.equals(SpeechConstant.CALLBACK_EVENT_ASR_PARTIAL)) {
        Log.d(TAG,"语音识别: " + params);
        try {
            Gson gson = new Gson();
            JSONObject ja = new JSONObject(params);
```

```java
                BDResult bdResult = new BDResult();
                bdResult = gson.fromJson(ja.toString(), BDResult.class);
                if (bdResult.getResult_type().equals("final_result")) {
                    if (bdResult.getResults_recognition().size() > 0) {
                        tran_text.setText(bdResult.getResults_recognition().get(0));
                        stopRecording();
                        listener.SuccessListener(tran_text.getText().toString());
                    } else {
                        tran_text.setText("没有检测到内容。");
                        listener_button.setVisibility(View.GONE);
                        restart_button.setVisibility(View.VISIBLE);
                    }
                } else {
                    tran_text.setText(bdResult.getResults_recognition().get(0));
                }

            } catch (JSONException e) {
                e.printStackTrace();
            }
            if (params != null && params.contains("\"nlu_result\"")) {
                if (length > 0 && data.length > 0) {
                    setState(State.PROCESSING);
                    Log.d(TAG,", data：" + data.toString());
                    Log.d(TAG,", offset：" + offset);
                    Log.d(TAG,", length：" + length);
                    logTxt += ", 语义解析结果：" + new String(data, offset, length);

                }
            }
        } else if (data != null) {
            logTxt += " 回调;data length=" + data.length;
        }
        printLog(logTxt);
    }
    /**
     * 打印日志
     */
    private void printLog(String text) {
        if (true) {
            text += "   ;time=" + System.currentTimeMillis();
        }
        text += "\n";
        Log.i(getClass().getName(), text);
    }
```

步骤五：添加取消和停止方法。

```java
    /**
     * 停止记录用户
     */
    public void stopRecording() {
```

```
            Log.d(TAG,"关闭语音：");
            stop();
        }
        /**
         * 单击"停止"按钮
         * 基于 SDK 集成 4.1 发送停止事件
         */
        private void stop() {
            Log.d(TAG,"停止识别：ASR_STOP");
            //发送停止录音事件，提前结束录音等待识别结果
            asr.send(SpeechConstant.ASR_STOP, null, null, 0, 0); //
            if (enableOffline) {
                //测试离线命令词请开启，测试 ASR_OFFLINE_ENGINE_GRAMMER_FILE_PATH
参数时开启
                unloadOfflineEngine();
            }
            //基于 SDK 集成 5.2 退出事件管理器
            //必须与 registerListener 成对出现，否则可能造成内存泄露
            asr.unregisterListener(this);
        }


        /**
         * 单击"取消"按钮
         */
        public  void cancel() {
            //取消本次识别，取消后将立即停止，不会返回识别结果
            asr.send(SpeechConstant.ASR_CANCEL, "{}", null, 0, 0);
        }
```

步骤六：启动语音识别。

创建 SpeechActivity 类，添加语音识别按钮 button，添加单击事件，通过单击事件启动语音识别的 dialog。

```
public class SpeechActivity extends FragmentActivity implements View.OnClickListener {

    private BDlistenerDialog bdldialog;
    private Context mContext;

    @Override
    protected void onCreate(@Nullable Bundle savedInstanceState) {
        super.onCreate(savedInstanceState);
        setContentView(R.layout.activity_speech);
        Button asr = findViewById(R.id.bt_asr);
        asr.setOnClickListener(this);
        mContext = this;
    }

    @Override
    public void onClick(View v) {
        switch (v.getId()){
            case R.id.bt_asr:
```

```
bdldialog = new BDlistenerDialog(mContext, "zh-CN",
            new ListenerListener() {

        @Override
        public void cancelClick() {

        }

        @Override
        public void SuccessListener(String a) {
           //语音合成
            bdidialog.dismiss();

        }
    });
bdldialog.show();
bdldialog.setCanceledOnTouchOutside(false);
bdldialog.setOnDismissListener(new DialogInterface.OnDismissListener() {

    @Override
    public void onDismiss(DialogInterface arg0) {
        //ldialog.recoTransaction.stopRecording();
        bdldialog.cancel();

    }
});
break;
            }
        }
    }
}
```

## 6.2.8　识别输入事件

表 6-2 所示参数均为 SpeechConstant 类的常量，如 SpeechConstant.ASR_START**，实际的 string 字面值可以参见 SpeechConstant 类或自行打印。

表 6-2　识别输入事件

| 事 件 名 | 类 型 | 值 | 场 景 | 描 述 |
|---|---|---|---|---|
| ASR_START | string（JSON 结构的字符串） | json 内的参数见下文"ASR_START 参数" | 全部 | 开始一次识别。注意不要连续调用 ASR_START 参数。下次调用需要在 CALLBACK_EVENT_ASR_EXIT 回调后，或者在 ASR_CANCEL 输入后 |
| ASR_STOP | | json 内的参数见下文"ASR_STOP 参数" | 全部 | 停止录音 |

续表

| 事件名 | 类型 | 值 | 场景 | 描述 |
|---|---|---|---|---|
| ASR_CANCEL | | json 内的参数见下文 "ASR_CANCEL 参数" | 全部 | 取消本次识别 |
| ASRKWS LOAD_ ENGINE | string（JSON 结构的字符串） | json 内的参数见下文 "ASR_KWS_LOAD_ ENGINE 参数" | — | 离线命令词 |
| ASRKWSUNLOAD_ ENGINE | | json 内的参数见下文 "ASRKWSUNLOAD_ ENGINE 参数" | 离线命令词 | 高级 |

### 6.2.9　ASR_START 输入事件参数

ASR_START 输入事件参数如表 6-3 所示。

表 6-3　ASR_START 输入事件参数

| 事件参数 | 类型/值 | 场景 | 常用程度 | 描述 |
|---|---|---|---|---|
| APP_ID | | | | 开放平台创建应用后分配的鉴权信息，填写后会覆盖 AndroidManifest.xml 中定义的信息。AndroidManifest.xml 填写方式仅供测试使用，上线后应使用此参数填写鉴权信息 |
| APP_KEY | string | 全部 | 推荐 | |
| SECRET | | | | |
| PID | | 在线 | 常用 | 根据识别语种、输入法模型及是否需要在线语义，来选择 PID。默认 1537，即中文输入法模型，不带在线语义。其中输入法模型是指适用于长句的输入法模型适用于短语 |
| LM_ID | int | | | 自训练平台上线后的模型 ID，必须和自训练平台的 PID 连用 |
| DECODER | | 全部 | | 离在线的并行策略 |
| | 0（默认） | 在线 | — | 纯在线（默认） |
| | 2 | 离线 | — | 离在线融合（在线优先），离线命令词功能需要开启这个选项 |
| VAD | string | 全部 | 高级 | 语音活动检测，根据静音时长自动断句。注意在不开启长语音的情况下，SDK 只能录制 60 s 音频。静音时长及长语音应设置 VAD_ENDPOINT_ TIMEOUT 参数 |
| | VAD_DNN （默认） | — | | 新一代 VAD，各方面信息优秀，推荐使用 |
| | VAD_TOUCH | — | 不常用 | 关闭语音活动检测。注意关闭后不要开启长语音。适合用户自行控制音频结束，如按住说话松手停止的场景。功能等同于 60 s 限制的长语音。需要手动调用 ASR_STOP 停止录音 |

续表

| 事 件 参 数 | 类型/值 | 场景 | 常用程度 | 描　　述 |
|---|---|---|---|---|
| VAD_ENDPOINT_TIMEOUT | int | 全部 | 高级 | 静音超时断句及长语音 |
| | 0 | 在线 | 常用 | 开启长语音，即无静音超时断句。手动调用 ASR_STOP 停止录音。切勿和 VAD=touch 连用 |
| | >0（ms），默认为 800 ms | | | 不开启长语音。开启 VAD 尾点检测，即静音判断的毫秒数，建议设置为 800～3000 ms |
| IN_FILE | string：文件路径、资源路径或回调方法名 | 全部 | 高级 | 该参数支持设置如下。<br>（1）pcm 文件，系统路径，如/sdcard/test/test.pcm；音频 pcm 文件不超过 3 min<br>（2）pcm 文件，JAVA 资源路径，如 res:///com/baidu.test/16k_test.pcm；音频 pcm 文件不超过 3 min<br>（3）InputStream 数据流，#方法全名的字符串，格式如 #com.test.Factory.create16KInputStream()（解释：Factory 类中存在一个返回 InputStream 的方法 create16kInputStream()），注意：必须以#号开始；方法原型必须为：public static InputStream create16KInputStream()。超过 3 min 的录音文件，应在每次 read 中 sleep，避免 SDK 内部缓冲不够 |
| OUT_FILE | string：文件路径 | | | 保存识别过程产生的录音文件，该参数需要开启 ACCEPT_AUDIO_DATA 后生效 |
| AUDIO_MILLS | int：毫秒 | | | 录音开始的时间点。用于唤醒+识别连续说。SDK 有 15 s 的录音缓存，如设置为（System.currentTimeMillis() - 1500），表示回溯 1.5 s 的音频 |
| NLU | string | 本地语义 | | 本地语义解析设置。必须设置 ASR_OFFLINE_ENGINE_GRAMMER_FILE_PATH 参数生效，无论网络状况如何，都可以有本地语义结果，并且本地语义结果会覆盖在线语义结果。本参数不控制在线语义输出，需要在线语义输出见 PID 参数 |
| | disable（默认） | — | | 禁用 |
| | enable | — | | 启用 |
| | enable-all | — | 不常用 | 在 enable 的基础上，临时结果也会做本地语义解析 |
| ASROFFLINE_ENGINE_GRAMMER_FILE_PATH | string：文件路径支持 assets 路径 | 本地语义 | 高级 | 用于支持本地语义解析的 bsg 文件，离线和在线都可使用。NLU 开启生效，其他说明见 NLU 参数。注意，bsg 文件也用于 ASR_KWS_LOAD_ENGINE 离线命令词功能 |

续表

| 事 件 参 数 | 类型/值 | 场景 | 常用程度 | 描　　述 |
|---|---|---|---|---|
| SLOT_DATA | string（JSON 格式） | 本地语义 | 高级 | 与 ASR_OFFLINE_ENGINE_GRAMMER_FILE_PATH 参数一起使用后生效。用于代码中动态扩展本地语义 bsg 文件的词条部分（bsg 文件下载页面的左侧表格部分），具体格式参见代码示例或者 demo |
| DISABLE_PUNCTUATION | boolean | 在线 | 不常用 | 在选择 1537 开头的 pid（输入法模式）时，是否禁用标点符号 |
|  | true | — | — | 禁用标点 |
|  | false（默认） | — | — | 不禁用标点，无法使用本地语义 |
| PUNCTUATION_MODE | int | 在线 | 不常用 | 在选择 1537 开头的 pid（输入法模式）时，标点处理模式。需要设置 DISABLE_PUNCTUATION 为 fasle 生效 |
|  | 0（默认） | 在线 | — | 打开后处理标点 |
|  | 1 | | — | 关闭后处理标点 |
|  | 2 | | — | 删除句末标点 |
|  | 3 | | — | 将所有标点替换为空格 |
| ACCEPT_AUDIO_DATA | boolean | 全部 | 高级 | 是否需要语音音频数据回调，开启后有 CALLBACK_EVENT_ASR_AUDIO 事件 |
|  | true | — | — | 需要音频数据回调 |
|  | false（默认） | — | — | 不需要音频数据回调 |
| ACCEPT_AUDIO_VOLUME | boolean | 全部 | 高级 | 是否需要语音音量数据回调，开启后有 CALLBACK_EVENT_ASR_VOLUME 事件回调 |
|  | true（默认） | — | — | 需要音量数据回调 |
|  | false | — | — | 不需要音量数据回调 |
| SOUND_START | int：资源 ID | 全部 | 不常用 | 说话开始的提示音 |
| SOUND_END | | | | 说话结束的提示音 |
| SOUND_SUCCESS | | | | 识别成功的提示音 |
| SOUND_ERROR | | | | 识别出错的提示音 |
| SOUND_CANCEL | | | | 识别取消的提示音 |
| SAMPLE_RATE | int | | 基本不用 | 采样率，固定及默认值为 16000 |
| ASR_OFFLINE_ENGINE_LICENSE_FILE_PATH | string：文件路径，支持 assets 路径 | 离线命令词 | 基本不用 | 临时授权文件路径。SDK 在联网时会自动获取离线正式授权。有特殊原因可在官网创建应用时下载通用临时授权文件。临时授权文件测试期仅有 15 天，不推荐使用 使用正式授权时请确认官网应用设置的包名与 App 自身的包名相一致。目前离线命令词和唤醒词功能需要使用正式授权 |

## 6.2.10　ASR_KWS_LOAD_ENGINE 输入事件参数

ASR_KWS_LOAD_ENGINE 输入事件参数如表 6-4 所示。

表 6-4　ASR_KWS_LOAD_ENGINE 输入事件参数

| 事 件 参 数 | 类型 | 值 | 场 景 | 常用程度 | 描　　述 |
|---|---|---|---|---|---|
| SLOT_DATA | string | JSON 格式 | 本地语义 | 高级 | 与 ASR_OFFLINE_ENGINE_GRAMMER_FILE_PATH 参数一起使用后生效。用于代码中动态扩展离线命令词 bsg 文件的词条部分（bsg 文件下载页面的左侧表格部分），具体格式参见代码示例或者 demo |
| DECODER | int | 2 | —— | —— | 固定值：2，离/在线的并行策略 |
| ASROFFLINE ENGINE_GRAMMER_FILE_PATH | string | 文件路径，支持 assets 路径 | —— | —— | 用于支持离线命令词（同时也是本地语义）解析的 bsg 文件，离线断网时可以使用。NLU 开启生效，其他说明见 NLU 参数。注意 bsg 文件同时也用于 ASR_KWS_LOAD_ENGINE 离线命令词功能<br>语义解析设置，在线使用时，会在识别结果的文本基础上同时输出语义解析的结果（该功能需要在官方网站的应用里设置"语义解析设置"） |

## 6.2.11　输出参数

语音回调事件统一由 public void onEvent(String name, String params, byte[] data, int offset, int length)方法回调。其中 name 是回调事件，params 是回调参数。data、offset、length 用于缓存临时数据，三者一起，生效部分为 data[offset]，长度为 length，如表 6-5 所示。

表 6-5　输出参数

| 事件名（name） | 事 件 参 数 | 类　型 | 值 | 描　　述 |
|---|---|---|---|---|
| CALLBACK_EVENT_ASR_READY | —— | —— | —— | 引擎准备就绪，可以开始说话 |
| CALLBACK_EVENT_ASR_BEGIN | —— | —— | —— | 检测到第一句话开始。SDK 只有第一句话开始的回调，没有长语音每句话结束的回调 |

续表

| 事件名（name） | 事件参数 | 类型 | 值 | 描述 |
|---|---|---|---|---|
| CALLBACK_EVENT_ASR_END | — | — | — | 检测到第一句话结束。SDK 只有第一句话结束的回调，没有长语音每句话结束的回调 |
| CALLBACK_EVENT_ASR_PARTIAL | params | json | — | 识别结果 |
| | params[results_recognition] | string[] | — | 解析后的识别结果。如无特殊情况，应取第一个结果 |
| | params[result_type] | string | partial_result | 临时识别结果 |
| | | | final_result | 最终结果，长语音每一句都有一个最终结果 |
| | | | nlu_result | 语义结果，在 final_result 后回调。语义结果的内容在 data、offset、length 中 |
| | (data, offset, length) | | — | 语义结果的内容，当 params[result_type]=nlu_result 时出现 |
| CALLBACK_EVENT_ASR_FINISH | params | string(json 格式) | — | 一句话识别结束（可能含有错误信息）。最终识别的文字结果在 ASR_PARTIAL 事件中 |
| | params[error] | int | — | 错误领域 |
| | params[sub_error] | | — | 错误码 |
| | params[desc] | string | — | 错误描述 |
| CALLBACK_EVENT_ASR_LONG_SPEECH | — | — | — | 长语音额外的回调，表示长语音识别结果。使用 infile 参数无此回调，应用 ASR_EXIT 代替 |
| CALLBACK_EVENT_ASR_EXIT | — | — | — | 识别结束，资源释放 |
| CALLBACK_EVENT_ASR_AUDIO | (data, offset, length) | byte[] | — | PCM 音频片段回调。必须输入 ACCEPT_AUDIO_DATA 参数激活 |
| CALLBACK_EVENT_ASR_VOLUME | params | json | — | 当前音量回调。必须输入 ACCEPT_AUDIO_VOLUME 参数激活 |
| | params[volume] | float | — | 当前音量 |
| | params[volumepercent] | int | — | 当前音量的相对值（0～100） |
| CALLBACK_EVENT_ASR_LOADED | — | — | — | 离线模型加载成功回调 |
| CALLBACK_EVENT_ASR_UNLOADED | — | — | — | 离线模型卸载成功回调 |

## 6.2.12 识别错误码

识别错误码如表 6-6 所示。

表 6-6　识别错误码

| 错误领域 | 描　　述 | 错误码 | 错误描述 |
|---|---|---|---|
| 1 | 网络超时（出现原因可能为网络已经连接但质量比较差，建议检测网络状态） | 1000 | DNS 连接超时 |
| | | 1001 | 网络连接超时 |
| | | 1002 | 网络读取超时 |
| | | 1003 | 上行网络连接超时 |
| | | 1004 | 上行网络读取超时 |
| | | 1005 | 下行网络连接超时 |
| | | 1006 | 下行网络读取超时 |
| 2 | 网络连接失败（出现原因可能是网络权限被禁用，或网络确实未连接，需要开启网络或检测无法联网的原因） | 2000 | 网络连接失败 |
| | | 2001 | 网络读取失败 |
| | | 2002 | 上行网络连接失败 |
| | | 2003 | 上行网络读取失败 |
| | | 2004 | 下行网络连接失败 |
| | | 2005 | 下行网络读取失败 |
| | | 2006 | 下行数据异常 |
| | | 2100 | 本地网络不可用 |
| 3 | 音频错误（出现原因可能为未声明录音权限，或被安全软件限制，或录音设备被占用，需要开发者检测权限声明） | 3001 | 录音机打开失败 |
| | | 3002 | 录音机参数错误 |
| | | 3003 | 录音机不可用 |
| | | 3006 | 录音机读取失败 |
| | | 3007 | 录音机关闭失败 |
| | | 3008 | 文件打开失败 |
| | | 3009 | 文件读取失败 |
| | | 3010 | 文件关闭失败 |
| | | 3100 | VAD 异常，通常是 VAD 资源设置不正确 |
| | | 3101 | 长时间未检测到人说话，请重新识别 |
| | | 3102 | 检测到人说话，但语音过短 |
| 4 | 协议错误（出现原因可能是 appid 和 appkey 的鉴权失败） | 4001 | 协议出错 |
| | | 4002 | |
| | | 4003 | 识别出错 |
| | | 4004 | 鉴权错误，一般情况是 pid appkey secretkey 不正确，具体见表 6-7 |
| 5 | 客户端调用错误（一般是开发阶段的调用错误，需要开发者检测调用逻辑或对照文档和 demo 进行修复） | 5001 | 无法加载 so 库 |
| | | 5002 | 识别参数有误 |
| | | 5003 | 获取 token 失败 |
| | | 5004 | 客户端 DNS 解析失败 |
| 6 | 超时（语音过长，应配合语音识别的使用场景，如避开嘈杂的环境等） | 6001 | 当未开启长语音，输入语音超过 60 s 时，会报此错误 |
| 7 | 没有识别结果（信噪比差，应配合语音识别的使用场景，如避开嘈杂的环境等） | 7001 | 没有匹配的识别结果。当检测到语音结束或手动结束时，服务端收到的音频数据质量有问题，导致没有识别结果 |

| 错误领域 | 描 述 | 错误码 | 错 误 描 述 |
|---|---|---|---|
| 8 | 引擎忙（一般是开发阶段的调用错误，出现原因是上一个会话尚未结束，就让 SDK 开始下一次识别。SDK 目前只支持单任务运行，即便创建多个实例，也只能有一个实例处于工作状态） | 8001 | 识别引擎繁忙。当识别正在进行时，再次启动识别，会报 busy |
| 9 | 缺少权限（参见 demo 中的权限设置） | 9001 | 没有录音权限，通常是没有配置录音权限：android.permission.RECORD_AUDIO |
| 10 | 其他错误（出现原因有使用离线识别但未将 EASR.so 集成到程序中、离线授权的参数填写不正确、参数设置错误等） | 10001 | 离线引擎异常 |
| | | 10002 | 没有授权文件 |
| | | 10003 | 授权文件不可用 |
| | | 10004 | 离线参数设置错误 |
| | | 10005 | 引擎没有被初始化 |
| | | 10006 | 模型文件不可用 |
| | | 10007 | 语法文件不可用 |
| | | 10008 | 引擎重置失败 |
| | | 10009 | 引擎初始化失败 |
| | | 10010 | 引擎释放失败 |
| | | 10011 | 引擎不支持 |
| | | 10012 | 离线引擎识别失败。离线识别引擎只能识别 grammar 文件中约定好的固定话术，即使支持的话术，识别率也不如在线识别。应确保说的话清晰，是 grammar 中文件定义的，测试成功一次后，可以保存录音，便于测试 |

## 6.2.13 鉴权子错误码 4004

鉴权子错误码 4004 如表 6-7 所示。

表 6-7 鉴权子错误码 4004

| 4004 的子错误值 | 原 因 | 错 误 描 述 |
|---|---|---|
| 4 | pv 超限 | 配额使用完毕，请购买或者申请 |
| 6 | 没有勾选权限 | 应用不存在或者应用没有语音识别的权限 |
| 13 | qps 超限 | qps 超过限额，请购买或者申请 |
| 101 | API key 错误 | API Key 填错 |

## 6.2.14 唤醒错误码

唤醒错误码如表 6-8 所示。

表 6-8　唤醒错误码

| 错 误 领 域 | 描　　述 | 错 误 码 | 错 误 描 述 |
|---|---|---|---|
| 10 | 录音设备出错 | 1 | 录音设备异常 |
| | | 2 | 无录音权限 |
| | | 3 | 录音设备不可用 |
| | | 4 | 录音中断 |
| 11 | 唤醒相关错误 | — | — |
| | 没有授权文件 | 11002 | — |
| | 授权文件不可用 | 11003 | — |
| | 唤醒异常,通常是唤醒词异常 | 11004 | — |
| | 模型文件不可用 | 11005 | — |
| | 引擎初始化失败 | 11006 | — |
| | 内存分配失败 | 11007 | — |
| | 引擎重置失败 | 11008 | — |
| | 引擎释放失败 | 11009 | — |
| | 引擎不支持该架构 | 11010 | — |
| 38 | 引擎出错 | 1 | 唤醒引擎异常 |
| | | 2 | 无授权文件 |
| | | 3 | 授权文件异常 |
| | | 4 | 唤醒异常 |
| | | 5 | 模型文件异常 |
| | | 6 | 引擎初始化失败 |
| | | 7 | 内存分配失败 |
| | | 8 | 引擎重置失败 |
| | | 9 | 引擎释放失败 |
| | | 10 | 引擎不支持该架构 |
| | | 11 | 无识别数据 |

## 6.3　语音识别开放平台介绍

常用的语音识别开放平台如表 6-9 所示。

表 6-9　常用的语音识别开放平台

| 开 放 平 台 | 语　　种 | 识 别 种 类 | 识别速度/kHz | 成功率/% |
|---|---|---|---|---|
| 百度 | 普通话、英语、粤语和四川话 | 短语音 60 s | 16 | 98 |
| 科大讯飞 | 普通话、英语、日语、俄语、西班牙语、法语、韩语 | | 8(仅在线支持)/16 | |
| 阿里 | 普通话及部分地方方言、英语、日语、西班牙语、哈萨克语、阿拉伯语、韩语、印尼语、俄语、越南语、法语、德语 | | 8/16 | 暂无 |

语音识别主要用于以下几个方面。

### 1．语音输入

摆脱生僻字和拼音障碍，使用语音即时输入。略带口音的普通话、粤语、四川话、英语，均可有效识别，并可根据句意自动纠错、自动断句添加标点，让输入更快捷，沟通交流更顺畅。

### 2．语音搜索

搜索内容直接以语音的方式输入，应用于网页搜索、车载搜索、手机搜索等各种搜索场景，解放双手，让搜索更加高效，适用于视频网站、智能硬件、手机厂商等多个行业。

### 3．语音指令

无须手动操作，可以通过语音直接对设备或者软件发布指令，控制操作，适用于智能硬件、车载系统、机器人、手机 App、游戏等多个领域。

### 4．社交聊天

社交聊天时直接用语音输入的方式转成文字，让输入更加便捷；或者在收到语音消息不适合播放时可以转为文字进行查看，满足更多的聊天场景。

### 5．游戏娱乐

游戏中聊天必不可少，双手无法打字，这时可以用语音输入将语音聊天转为文字，让用户在操作的同时可以直观地看到聊天内容，多样化满足用户的聊天需求。

## 习题

1．语音识别支持的音频采样率都有多少？
2．语音在线识别支持的最长音频时长是多少？

## 参考文献

[1] 百度 AI 开放平台．https://ai.baidu.com/．

[2] 俞栋，邓力．解析深度学习：语音识别实践[M]．俞凯，钱彦旻，等，译．北京：电子工业出版社，2016．

[3] 王炳锡，屈丹，彭煊．实用语音识别基础[M]．北京：国防工业出版社，2005．

[4] 赵力．语音信号处理[M]．2 版．北京：机械工业出版社，2009．

[5] 吴进．语音信号处理实用教程[M]．北京：人民邮电出版社，2015．

[6] 梁瑞宇，赵力，魏昕．语音信号处理实验教程[M]．北京：机械工业出版社，2016．

[7] 陈景东．语音增强[EB/OL]．（2019-04-12）[2022-04-25]．https://zhuanlan.zhihu.com/p/62171354．

[8] 李理．深度学习理论与实战（基础篇）[M]．北京：电子工业出版社，2019．

# 第 7 章

# 语音合成

美妙动听的声音给人一种身临其境的感觉，各式各样的声音可以带我们走进不同的世界。语音合成作为其中最重要的技术手段，在现代社会中承载着重要职能。下面就让我们走进美妙的声音世界。

## 7.1 语音合成介绍

### 7.1.1 语音合成的概念

语音合成又称文语转换（text to speech，TTS）技术，能将任意文字信息实时转化为标准流畅的语音朗读出来，相当于给机器装上了人工嘴巴[1]。它涉及声学、语言学、数字信号处理、计算机科学等多个学科技术，是中文信息处理领域的一项前沿技术，解决的主要问题就是如何将文字信息转化为可听的声音信息，即让机器像人一样开口说话[2]。我们所说的"让机器像人一样开口说话"与传统的声音回放设备（系统）有着本质的区别。传统的声音回放设备（系统），如磁带录音机，是通过预先录制声音然后回放来实现"让机器说话"的。这种方式在内容、存储、传输以及方便性、及时性等方面都存在很大的限制。而通过计算机语音合成则可以在任何时候将任意文本转换成具有高自然度的语音，从而真正实现让机器"像人一样开口说话"[3]。

### 7.1.2 语音合成的原理

目前，语音合成的研究已经进入文字—语音转换（TTS）阶段，其功能可分为文本分析、韵律建模和语音合成三大模块。其中，语音合成是 TTS 系统中最基本、最重要的模块。概括来说，语音合成的主要功能是：根据韵律建模的结果，从原始语音库中取出相应的语音基元，利用特定的语音合成技术对语音基元进行韵律特性的调整和修改，最终合成出符合要求的语音[4]。

语音合成技术经历了一个逐步发展的过程，从参数合成到拼接合成，再到两者的逐步结合，其不断发展的动力是人们认知水平和需求的提高。目前，常用的语音合成技术主要有共振峰合成、LPC 合成、PSOLA 拼接合成和 LMA 声道模型技术。它们各有优缺点，人们在应用过程中往往将多种技术有机地结合在一起，或将一种技术的优点运用到另一种技术上，以克服另一种技术的不足。

### 1. 共振峰合成

语音合成的理论基础是语音生成的数学模型。该模型语音生成过程是在激励信号的激励下，声波经谐振腔（声道），由嘴或鼻辐射声波[5]。因此，声道参数、声道谐振特性一直是技术人员研究的重点。习惯上，把声道传输频率响应上的极点称为共振峰，而语音共振峰频率（极点频率）的分布特性决定着该语音的音色。如图 7-1 所示，某一语音的频率响应图中，标有 Fp1、Fp2、Fp3……处为频率响应的极点，此时，声道的传输频率响应有极大值。

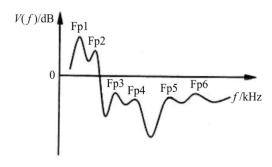

图 7-1 声道频域特性（频率响应图）

音色各异的语音具有不同的共振峰模式，因此，以每个共振峰频率及其带宽作为参数，可以构成共振峰滤波器。再用若干个这种滤波器的组合来模拟声道的传输特性（频率响应），对激励源发出的信号进行调制，再经过辐射模型就可以得到合成语音。这就是共振峰合成技术的基本原理。基于共振峰的理论有以下 3 种实用模型。

1）级联模型

在该模型中，声道被认为是一组串联的二阶谐振器。该模型主要用于绝大部分元音的合成。

2）并联模型

许多研究者认为，对于鼻化元音等非一般元音以及大部分辅音，上述级联型模型不能很好地加以描述和模拟，因此，构筑和产生了并联型共振峰模型。

3）混合模型

在级联型共振峰合成模型中，共振峰滤波器首尾相接；而在并联型模型中，输入信号先分别通过幅度调节再加到每一个共振峰滤波器上，然后将各路的输出叠加起来。将两者比较，对于合成声源位于声道末端的语音（大多数的元音），级联型合乎语音产生的声学理论，并且无须为每一个滤波器分设幅度调节；而对于合成声源位于声道中间的语音（大多数清擦音和塞音），并联型则比较合适，但是其幅度调节很复杂[6]。基于此种考虑，人们将两者结合在一起，提出了混和型共振峰模型，如图 7-2 所示。

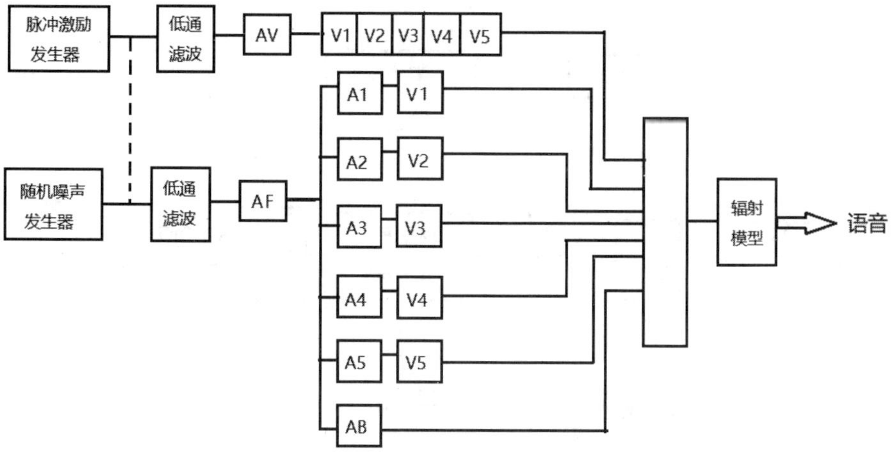

图 7-2 混合型共振峰模型

共振峰模型是基于对声道的一种比较准确的模拟，因而可以合成自然度比较高的语音，另外由于共振峰参数有着明确的物理意义，直接对应于声道参数，因此，可以利用共振峰描述自然语流中的各种现象，并且总结声学规则，最终用于共振峰合成系统。

但是，人们同时也发现该技术具有明显的弱点。首先，由于它是建立在对声道的模拟上，因此，对于声道模型的不精确势必会影响其合成质量。其次，实际工作表明，共振峰模型虽然描述了语音中最基本、最主要的部分，但并不能表征影响语音自然度的其他许多细微的语音成分，从而影响了合成语音的自然度。最后，共振峰合成器控制十分复杂，对于一个好的合成器来说，其控制参数往往达到几十个，实现起来十分困难。

基于这些原因，研究者继续寻求和发现其他新的合成技术。人们从波形的直接录制和播放得到启发，提出了基于波形拼接的合成技术，LPC 合成技术和 PSOLA 合成技术是其中的代表。与共振峰合成技术不同，波形拼接合成是基于对录制的合成基元的波形进行拼接，而不是基于对发声过程的模拟。

### 2. LPC 合成技术

波形拼接技术的发展与语音的编码、解码技术的发展密不可分，其中 LPC 技术（线性预测编码技术）的发展对波形拼接技术产生了巨大影响。LPC 合成技术本质上是一种时间波形的编码技术，目的是为了降低时间域信号的传输速率。

LPC 合成技术的优点是简单直观。其合成过程实质上只是一种简单的解码和拼接过程。另外，由于波形拼接技术的合成基元是语音的波形数据，保存了语音的全部信息，因而对于单个合成基元来说能够获得很高的自然度。

但是，由于自然语流中的语音和孤立状况下的语音有着极大的区别，如果只是简单地把各个孤立的语音生硬地拼接在一起，其整个语流的质量势必是不太理想的。而 LPC 技术从本质上来说只是一种"录音+重放"，对于合成整个连续语流，LPC 合成技术的效果是不理想的。因此，LPC 合成技术必须和其他技术相结合，才能明显改善 LPC 合成的质量。

一种典型的基于单音节和 VQLPC（矢量量化的 LPC）技术的文语转换系统原理如图 7-3 所示。

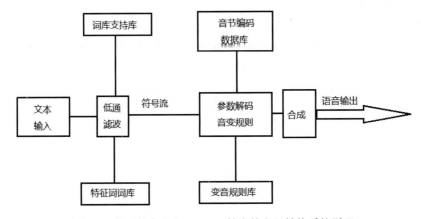

图 7-3　基于单音节和 VQLPC 技术的文语转换系统原理

### 3．PSOLA 合成技术

20 世纪 80 年代末被提出的 PSOLA 合成技术（基音同步叠加技术）给波形拼接合成技术注入了新的活力。PSOLA 技术着眼于对语音信号超时段特征的控制，如对基频、时长、音强等的控制。这些参数对于语音的韵律控制以及修改是至关重要的，因此，PSOLA 技术比 LPC 技术具有可修改性更强的优点，可以合成出高自然度的语音。

PSOLA 技术的主要特点是：在拼接语音波形片段之前，首先根据上下文的要求，用 PSOLA 算法对拼接单元的韵律特征进行调整，既能使合成波形保持原始发音的主要音段特征，又能使拼接单元的韵律特征符合上下文的要求，从而获得很高的清晰度和自然度[7]。

PSOLA 技术保持了传统波形拼接技术的优点，简单直观、运算量小，而且能方便地控制语音信号的韵律参数，具有合成自然连续语流的条件，因此得到了广泛的应用。

但是，PSOLA 技术也有其缺点。首先，PSOLA 技术是一种基音同步的语音分析/合成技术，需要准确的基音周期以及对其起始点的判定。基音周期或其起始点的判定误差将会影响 PSOLA 技术的效果。其次，PSOLA 技术是一种简单的波形映射拼接合成，这种拼接是否能够保持平稳过渡以及它对频域参数有什么影响等问题并没有得到解决，因此，在合成时会产生不理想的结果。

### 4．LMA 声道模型

随着人们对语音合成的自然度和音质的要求越来越高，PSOLA 算法表现出对韵律参数调整能力较弱和难以处理协同发音的缺陷，因此，人们又提出了一种基于 LMA 声道模型的语音合成方法。这种方法具有传统的参数合成可以灵活调节韵律参数的优点，同时具有比 PSOLA 算法更高的合成音质。

目前，主要的语音合成技术是共振峰合成技术和基于 PSOLA 算法的波形拼接合成技术。这两种技术各有所长，共振峰合成技术比较成熟，有大量的研究成果可以利用，而基于 PSOLA 算法的波形拼接合成技术则是比较新的技术，具有良好的发展前景[8]。

过去这两种技术基本上是互相独立发展的，现在许多学者开始研究它们之间的关系，试图将两者有效地结合起来，从而合成更加自然的语流。例如，清华大学的研究人员进行了将共振峰修改技术应用于 PSOLA 算法的研究，并用于 Sonic 系统的改进，研制出了具有更高自然度的汉语文语转换系统。

## 7.2　语音合成的过程

语音合成是通过机械的、电子的方法产生人造语音的技术。TTS 技术（又称文语转换技术）隶属于语音合成，它是将计算机自己产生的或外部输入的文字信息转变为可以听得懂的、流利的汉语口语输出技术。每次合成的文本不超过 1024 个 GBK 字节，即 512 个汉字或者字母数字。

### 7.2.1　兼容性

兼容性如表 7-1 所示。

表 7-1　兼容性

| 类　别 | 兼 容 范 围 |
| --- | --- |
| 系统 | 支持 Android 2.3 以上版本 API LEVEL 9 |
| 机型 | 上市的 Android 手机和平板式计算机。对其他 Android 设备及定制系统不提供官方支持 |
| 硬件要求 | 要求设备上有麦克风 |
| 网络 | 支持移动网络（包括 2G 等）、Wi-Fi 等网络环境 |
| 开发环境 | 建议使用最新版本的 Android Studio 进行开发 |

SDK 下载地址为 https://ai.baidu.com/sdk#tts。com.baidu.tts_x.x.x.xxxxx_xxxxx.jar 位于 app/libs 目录下；armeabi、armeabi-v7a、arm64-v8a、x86、x86_64 等 5 个架构目录位于 app\src\main\jniLibs 目录下。jar 包和 so 库应放在自建应用对应的位置。

### 7.2.2　AndroidManifest.xml 文件

设置权限如下。

```
<uses-permission android:name="android.permission.INTERNET" />
<uses-permission android:name="android.permission.ACCESS_NETWORK_STATE" />
<uses-permission android:name="android.permission.MODIFY_AUDIO_SETTINGS" />
<uses-permission android:name="android.permission.WRITE_EXTERNAL_STORAGE" />
<uses-permission android:name="android.permission.WRITE_SETTINGS" />
<uses-permission android:name="android.permission.ACCESS_WIFI_STATE" />
<uses-permission android:name="android.permission.CHANGE_WIFI_STATE" />
```

支持 level 28 以上编译。

```
<uses-library android:name="org.apache.http.legacy" android:required="false"/>
```

### 7.2.3 Android 6.0 以上版本权限申请

```java
/**
 * Android 6.0 以上版本需要动态申请权限
 */
private void initPermission() {
    String permissions[] = {
            Manifest.permission.INTERNET,
            Manifest.permission.ACCESS_NETWORK_STATE,
            Manifest.permission.MODIFY_AUDIO_SETTINGS,
            Manifest.permission.ACCESS_WIFI_STATE,
            Manifest.permission.CHANGE_WIFI_STATE
    };
    ArrayList<String> toApplyList = new ArrayList<String>();

    for (String perm : permissions) {
        if (PackageManager.PERMISSION_GRANTED !=
ContextCompat.checkSelfPermission(this, perm)) {
            toApplyList.add(perm);
            //进入这里代表没有权限
        }
    }
    String tmpList[] = new String[toApplyList.size()];
    if (!toApplyList.isEmpty()) {
        ActivityCompat.requestPermissions(this, toApplyList.toArray(tmpList), 123);
    }
}


@Override
public void onRequestPermissionsResult(int requestCode, String[] permissions, int[]
grantResults) {
    //此处为 Android 6.0 以上版本动态授权的回调，用户自行实现
}
```

### 7.2.4 开始语音合成

**1. 添加监听**

Implements SpeechSynthesizerListener，即实现监听的对应回调方法。

获取 SpeechSynthesizer 实例。

```java
SpeechSynthesizer mSpeechSynthesizer = SpeechSynthesizer.getInstance();
SpeechSynthesizer.getInstance();
```

建议每次只使用一个实例。调用 release 方法后，可以使用第二个。

**2. 设置当前的 Context**

```java
mSpeechSynthesizer.setContext(this); // this 是 Context，如 Activity
```

注意，setContext 在 SpeechSynthesizer.getInstance();中设置一次即可，不必在切换 Context 时重复设置。

### 3．设置合成结果的回调

合成成功后，SDK 会调用用户设置的 SpeechSynthesizerListener 中的回调方法。

```
mSpeechSynthesizer.setSpeechSynthesizerListener(this); //listener 是 SpeechSynthesizerListener
的实现类
```

### 4．设置 App Id、App Key 及 App Secret

在语音官方网站或者百度云网站上申请语音合成的应用后，会有 AppId、AppKey、AppSecret 及 Android 包名 4 个鉴权信息。

```
mSpeechSynthesizer.setAppId("8535996")//这里只是为了让 Demo 运行而使用 AppId, 应替换
成自己的 ID
```

```
mSpeechSynthesizer.setApiKey("MxPpf3nF5QX0pnd******cB",
"7226e84664474aa09********b2aa434")//这里只是为了让 Demo 正常运行而使用 ApiKey, 应替
换成自己的 ApiKey
```

设置合成参数，可以在初始化时设置，也可以在合成前设置。
示例如下。

```
mSpeechSynthesizer.setParam(SpeechSynthesizer.PARAM_SPEAKER, "0"); //设置人的发
声，在线生效
```

### 5．初始化合成引擎

设置合成的参数后，需要调用此方法初始化。

```
mSpeechSynthesizer.initTts(TtsMode.ONLINE); //初始化在线模式
```

### 6．合成及播放接口

如果需要合成后立即播放，可调用 speak 方法；如果只需要合成，可调用 synthesize 方法。

该接口线程安全，可以快速多次调用。内部采用排队策略，调用后将自动加入队列，SDK 会按照队列的顺序进行合成及播放。

注意需要合成的每个文本不超过 1024 个 GBK 字节，即 512 个汉字或英文字母数字。若超过，应自行按照句号、问号等标点切分，调用多次合成接口。

返回结果不为 0，表示出错。

### 7．speak 方法示例

```
int speak(String text);
int speak(String text, String utteranceId); //utteranceId 在 SpeechSynthesizerListener 相关事件
方法中回调
speechSynthesizer.speak("百度一下");
```

### 8. synthesize 方法示例

```
int synthesize(String text);
int synthesize(String text, String utteranceId); //utteranceId 在 SpeechSynthesizerListener 相关
事件方法中回调
speechSynthesizer.synthesize("百度一下");
```

调用这两个方法后，SDK 会回调 SpeechSynthesizerListener 中的 onSynthesizeDataArrived 方法。音频数据在 byte[] audioData 参数中，采样率为 16K，16 bits 编码，单声道。连续将 audioData 写入一个文件，即可作为一个可以播放的 pcm 文件。

### 9. 批量合成并播放接口

效果与连续调用 speak 方法相同。推荐连续调用 speak 方法，SDK 内部有队列缓冲。

该接口可以批量传入多个文本并进行排队合成与播放（如果没有设置 utteranceId，则使用 list 的索引值作为 utteranceId）。

注意需要合成的每个文本不超过 1024 个 GBK 字节，即 512 个汉字或英文字母数字。若超过，应自行按照句号、问号等标点切分，放入多个 SpeechSynthesizeBag：int batchSpeak(java.util.List<SpeechSynthesizeBag> speechSynthesizeBags)。

以下为批量调用示例。

```
List<SpeechSynthesizeBag> bags = new ArrayList<SpeechSynthesizeBag>();
bags.add(getSpeechSynthesizeBag("123456", "0"));
bags.add(getSpeechSynthesizeBag("你好", "1"));
bags.add(getSpeechSynthesizeBag("使用百度语音合成 SDK", "2"));
bags.add(getSpeechSynthesizeBag("hello", "3"));
bags.add(getSpeechSynthesizeBag("这是一个 demo 工程", "4"));
int result = mSpeechSynthesizer.batchSpeak(bags);
 private SpeechSynthesizeBag getSpeechSynthesizeBag(String text, String utteranceId) {
        SpeechSynthesizeBag speechSynthesizeBag = new SpeechSynthesizeBag();
        //需要合成的文本长度不能超过 1024 个 GBK 字节
        speechSynthesizeBag.setText(text);
        speechSynthesizeBag.setUtteranceId(utteranceId);
        return speechSynthesizeBag;
    }
```

返回结果不为 0，表示出错。

### 10. 播放过程中的暂停及继续

仅 speak 方法调用后有效。可以使用 pause 暂停当前的播放。pause 暂停后，可使用 resume 进行播放。

```
int result = mSpeechSynthesizer.pause();
int result = mSpeechSynthesizer.resume();
```

返回结果不为 0，表示出错。

### 11．停止合成并停止播放

取消当前的合成，并停止播放。

```
int result = mSpeechSynthesizer.stop();
```

返回结果不为 0，表示出错。

### 12．合成参数

在 SpeechSynthesizer 类的 setParam 方法中使用的参数及值如表 7-2 所示。填入的值如果不在范围内，相当于没有填写，使用默认值。

表 7-2　合成参数

| 参 数 名 | 类型/值 | 在　　线 | 常用程度 | 解　　释 |
|---|---|---|---|---|
| PARAM_SPEAKER | 选项 | 在线 | 常用 | 仅在线生效，在线的发音 |
| | 0（默认） | | | 普通女声 |
| | 1 | | | 普通男声 |
| | 2 | | | 特别男声 |
| | 3 | | | 情感男声（度逍遥） |
| | 4 | | | 情感儿童声（度丫丫） |
| | 106 | | | 度博文（情感男声） |
| | 110 | | | 度小童（情感儿童声） |
| | 111 | | | 度小萌（情感女声） |
| | 103 | | | 度米朵（情感儿童声） |
| | 5 | | | 度小娇（情感女声） |
| PARAM_VOLUME | string，默认为 5 | 全部 | 常用 | 在线合成的音量。范围为 0～15，不支持小数。0 最轻，15 最响 |
| PARAM_SPEED | | | | 在线合成的语速。范围为 0～15，不支持小数。0 最慢，15 最快 |
| PARAM_PITCH | | | | 在线合成的语调。范围为 0～15，不支持小数。0 最低沉，15 最尖 |
| PARAM_AUDIO_ENCODE | 选项 | 在线 | 基本不用 | 通常不使用该参数。SDK 与服务器音频传输格式，与 PARAMAUDIO_RATE 参数一起使用。可选值为 SpeechSynthesizer. AUDIO_ENCODE*，其中 SpeechSynthesizer. AUDIO_ENCODE_PCM 为不压缩 |
| PARAM_AUDIO_RATE | | | | 通常不使用该参数。SDK 与服务器音频传输格式，与 PARAMAUDIO_ENCODE 参数一起使用。可选值为 SpeechSynthesizer. AUDIO_BITRATE*，其中 SpeechSynthesizer. AUDIO_BITRATE_PCM 为不压缩传输 |

### 13．错误码（包含在线 SDK 和离线 SDK 的错误码）

错误码如表 7-3 所示。

表 7-3　错误码

| 错 误 码 值 | 错误码描述 |
| --- | --- |
| −1 | 在线引擎授权失败 |
| −2 | 在线合成请求失败 |
| −3 | 在线合成停止失败 |
| −4 | 在线授权中断异常 |
| −5 | 在线授权执行时异常 |
| −6 | 在线授权时间超时 |
| −7 | 在线合成返回错误信息，如果是鉴权错误，详情见表 7-4 |
| −8 | 在线授权 token 为空，详情见表 7-4 |
| −9 | 在线引擎没有初始化 |
| −10 | 在线引擎合成时异常 |
| −11 | 在线引擎不支持的操作 |
| −12 | 在线合成请求解析出错 |
| −13 | 在线合成获取合成结果被中断 |
| −14 | 在线合成过程异常 |
| −15 | 在线合成获取合成结果超时 |
| −100 | 离线引擎授权失败 |
| −101 | 离线合成停止失败 |
| −102 | 离线授权下载 License 失败 |
| −103 | 离线授权信息为空 |
| −104 | 离线授权类型未知 |
| −105 | 离线授权中断异常 |
| −106 | 离线授权执行时异常 |
| −107 | 离线授权执行时间超时 |
| −108 | 离线合成引擎初始化失败 |
| −109 | 离线引擎未初始化 |
| −110 | 离线合成时异常 |
| −111 | 离线合成返回值非 0 |
| −112 | 离线授权已过期 |
| −113 | 离线授权包名不匹配 |
| −114 | 离线授权签名不匹配 |
| −115 | 离线授权设备信息不匹配 |
| −116 | 离线授权平台不匹配 |
| −117 | 离线授权的 license 文件不存在 |
| −200 | 混合引擎离线在线都授权失败 |
| −201 | 混合引擎授权中断异常 |
| −202 | 混合引擎授权执行时异常 |
| −203 | 混合引擎授权执行时间超时 |
| −204 | 在线合成初始化成功，离线合成初始化失败。可能是离线资源 dat 文件未加载或包名错误 |

续表

| 错 误 码 值 | 错误码描述 |
|---|---|
| -300 | 合成文本为空 |
| -301 | 合成文本长度过长（不要超过 1024 个 GBK 字节） |
| -302 | 合成文本无法获取 GBK 字节 |
| -400 | TTS 未初始化 |
| -401 | TTS 模式无效 |
| -402 | TTS 合成队列已满（最大限度为 1000） |
| -403 | TTS 批量合成文本过多（最多为 100） |
| -404 | TTS 停止失败 |
| -405 | TTS App ID 无效 |
| 406 | TTS 被调用方法参数无效 |
| -500 | Context 被释放或为空 |
| -600 | 播放器为空 |
| -1000 | 播放器为空 |
| -9999 | 未知错误 |

### 14．鉴权错误码

如表 7-4 和表 7-5 所示，鉴权错误的原因可能是 appkey、secretkey 填错，或者这个应用的配额超限。

表 7-4  鉴权错误码

| 错 误 码 值 | 错误码描述 | 原 因 |
|---|---|---|
| -8 | 在线授权 token 错误 | appkey 或者 secretkey 填错 |
| -7 | token 正常，但是应用没有权限 | 见子错误对应的报错 |

表 7-5  "-7" 的子错误码值

| 错 误 码 值 | 错误码描述 | 原 因 |
|---|---|---|
| 4 | pv 超限 | 配额使用完毕，请购买或者申请 |
| 6 | 没有勾选权限 | 应用不存在或者应用没有语音识别的权限 |
| 13 | qps 超限 | qps 超过限额，请购买或者申请 |
| 111 | SDK 内部错误，token 过期 | 请反馈 |

示例如下。

```
(-8)access token is null, please check your apikey and secretkey or product id,
(-7)request result contains error message[(502)110: Access token invalid or no longer valid],
//110 是子错误
```

## 7.3  语音合成应用介绍

语音合成平台的功能对比如表 7-6 所示。

表 7-6 语音合成平台的功能对比

| 开放平台 | 语 种 | 合 成 种 类 | 合成速度 /kHz | 音 库 |
|---|---|---|---|---|
| 百度 | 普通话、英语、粤语和四川话 | 短语音，长语音，音频 | 16 | 11 |
| 科大讯飞 | 普通话、英语、日语、俄语、西班牙语、法语、韩语 | | | 100+ |
| 阿里 | 普通话及部分地方方言、英语、日语、西班牙语、哈萨克语、阿拉伯语、韩语、印尼语、俄语、越南语、法语、德语 | | 8/16 | 40+ |

语音合成应用包含机器人发声、有声读物制作、语音播报 3 类。

### 1．机器人发声

在客服机器人、服务机器人等场景中，与语音识别、自然语言处理等模块联动，打通人机交互的闭环。实现高品质的机器人发声，使人机交互更流畅自然。

### 2．有声读物制作

将电子教材、小说等文本材料，以文本文件的形式导入语音合成引擎，生成完整的、可重复阅读的有声教材或有声小说等读物，方便用户随时取用。

### 3．语音播报

在语音导航应用、新闻类 App 中，语音合成可以快速生成高质量的播报音频，方便在用户出行等不方便阅读信息的情况下，利用音频及时获取信息。

## 习题

目前，语音合成常用的合成技术有哪些？

## 参考文献

[1] 百度 AI 开放平台. https://ai.baidu.com/.

[2] 吴进. 语音信号处理实用教程[M]. 北京：人民邮电出版社，2015.

[3] 深蓝学院. 语音合成：基础与前沿[EB/OL].（2020-08-26）[2022-04- 25]. https://www.bilibili.com/read/cv7339863/.

[4] 赵力. 语音信号处理[M]. 北京：机械工业出版社，2009.

[5] 魏伟华. 语音合成技术综述及研究现状[J]. 软件，2020，41（12）：214-217.

[6] 梁瑞宇，赵力，魏昕. 语音信号处理实验教程[M]. 北京：机械工业出版社，2016.

[7] 程奥林，严张凌. 基于语音合成的老年阅读 APP 的研究与设计[J]. 信息与电脑（理论版），2020，32（20）：75-77.

[8] 李理. 深度学习理论与实战（基础篇）[M]. 北京：电子工业出版社，2019.

# 第 8 章

# 机器翻译

机器翻译（machine translation）想必是大家耳熟能详的人工智能应用之一，它不仅是计算语言学（computational linguistics）的瑰宝，同时也是居家旅行的必需品。机器翻译又称计算机翻译，是指利用计算机将一种语言符号转换成另一种语言符号[1]。

## 8.1 机器翻译介绍

机器翻译技术的发展一直与计算机技术、信息论、语言学等学科的发展紧密相随。从早期的词典匹配，到词典结合语言学专家知识的规则翻译，再到基于语料库的统计机器翻译，随着计算机计算能力的提升和多语言信息的爆发式增长，机器翻译技术逐渐走出象牙塔，开始为普通用户提供实时便捷的翻译服务。走过 16 年的风风雨雨，机器翻译经历了一条曲折而漫长的发展道路，学术界一般将其划分为如下 4 个阶段[2]。

### 8.1.1 开创期

1954 年，美国乔治敦大学（Georgetown University）在 IBM 公司的协同下，用 IBM-701 计算机首次完成了英俄机器翻译试验，向公众和科学界展示了机器翻译的可行性，从而拉开了机器翻译研究的序幕[3]。

从 20 世纪 50 年代到 20 世纪 60 年代前半期，机器翻译的研究呈不断上升的趋势。美国以及苏联这两个超级大国出于军事、政治以及经济目的，均对机器翻译的项目提供了大量资金支持，而欧洲国家由于地缘政治、经济的需要也对机器翻译的研究给予相当大的重视，机器翻译一时出现热潮。这个时期的机器翻译虽然只是刚刚处于开创阶段，但已经进入乐观的繁荣期[4]。

### 8.1.2 受挫期

1966—1975 年，机器翻译技术遭遇了一系列挫折和困难。其原因主要有以下几个。

（1）语言规则复杂。在这个时期，机器翻译系统主要依靠人工编写规则来实现翻译。但是，语言规则非常复杂，人们很难将所有的规则都编写出来。

（2）计算机处理能力有限。在这个时期，计算机的处理能力非常有限，只能处理简单的句子结构和语法规则。这导致机器翻译的翻译质量非常低。

（3）缺乏大规模语料库。在这个时期，没有大规模的平行语料库用于训练机器翻译系统。这使得机器翻译系统无法获得足够的训练数据，从而难以提高翻译质量。

（4）缺乏有效的评估方法。在这个时期，没有有效的评估方法来评估机器翻译系统的翻译质量。这使得机器翻译系统无法得到有效的反馈和改进。

总之，机器翻译的受挫期是由于技术和数据等多种因素的限制，导致机器翻译系统无法取得有效的进展。但是，这个时期也为后来机器翻译技术的发展提供了宝贵的经验教训和启示。

### 8.1.3 恢复期

1976 年，加拿大蒙特利尔大学和加拿大联邦政府翻译局联合开发出了 TAUM-METEO 系统，机器翻译项目又开始发展起来，各种实用的以及实验的系统被先后推出。

### 8.1.4 新时期

随着 Internet 的普遍应用，世界经济一体化进程的加速以及国际社会交流的日渐频繁，传统的人工作业方式已经远远不能满足迅猛增长的翻译需求，人们对于机器翻译的需求空前增长，机器翻译迎来了一个新的发展机遇[5]。

机器翻译的发展阶段如图 8-1 所示。

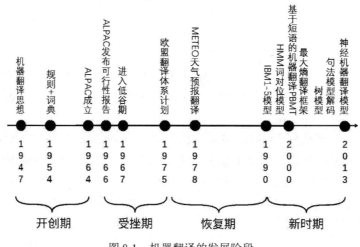

图 8-1　机器翻译的发展阶段

神经网络技术的应用推动了深度学习技术的发展。2014 年，蒙特利尔大学的学者们发布了一篇关于在机器翻译中使用神经网络的论文，该论文并未引发学界的广泛关注，但被 Google 注意到了。2016 年 11 月，Google 推出了神经机器翻译（NMT）系统。NMT 在短短的两三年内便取代了 SMT 成为商业机器翻译系统的主流模型。

## 8.2　机器翻译的发展

### 8.2.1　规则机器翻译

规则机器翻译（rule based machine translation，RBMT），依据语言规则对文本进行分析，再借助计算机程序进行翻译，如图 8-2 所示。多数商用机器翻译系统采用规则机器翻译。

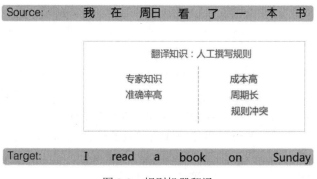

图 8-2　规则机器翻译

规则机器翻译的运作分为 3 个连续阶段：分析、转换、生成。

优点：直接用语言学专家知识，准确率非常高。

缺点：成本很高、周期长，若要开发中文和英文的翻译系统，需要找同时会中文和英文的语言学家。

### 8.2.2　统计机器翻译

统计机器翻译（statistical machine translation，SMT），通过对大量的平行语料进行统计分析，构建统计翻译模型（词汇、比对或是语言模式），进而使用此模型进行翻译，一般会选取统计中出现概率最高的词条作为翻译，概率算法依据贝叶斯定理[6]，如图 8-3 所示。

优点：成本非常低，当有足够多的训练数据时，统计机器翻译系统的性能要优于基于语言规则的系统。

缺点：难于构建和维护。每一对需要翻译的新语言，都需要专业人士对一个全新的多步骤"翻译流水线"进行调试和修整。

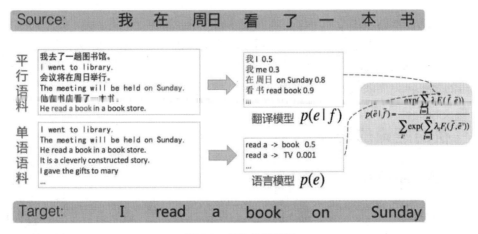

图 8-3　统计机器翻译

### 8.2.3　神经网络机器翻译

当下深度学习的热潮已席卷全球，循环神经网络及其重要变型、卷积神经网络等具有不同拓扑结构的人工仿生网络在自然语言处理上均具有突出效果。这里将着重对后者，即通过构建人工神经网络、采用深度学习算法实现的机器翻译模型进行探讨。在这种翻译模型中，诸如词汇、短语、句子等自然语言的基本组成单位均采用连续空间来表示，其中的人工神经网络则用于实现由原文至译文的直接映射，而无须经过依存分析、规则抽取、词语对齐等基于统计的机器翻译所涉及的处理过程。在实际语句转换过程中，原文语言序列的输入由编码器读入并以一定维度的语义向量作为输出，再由解码器对其进行解码，进而输出目标语言序列，即翻译后的结果[7]。

神经网络机器翻译如图 8-4 所示。

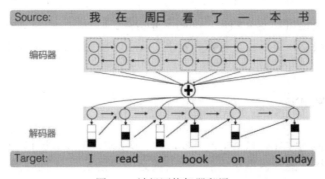

图 8-4　神经网络机器翻译

## 8.3　机器翻译开放平台

### 8.3.1　开放平台的使用方法

（1）使用自己注册的百度账号。

（2）开放平台访问地址为 http://api.fanyi.baidu.com。

（3）注册成为开发者，就可以看到自己的 AppID。

（4）进行开发者认证。

（5）开通我们需要做的文档翻译、通用翻译 API 服务。

（6）参考技术文档进行代码编写。

### 8.3.2　文本翻译

机器文本翻译，顾名思义，就是将源语言文字转换为目标语言文字，即书面语及其翻译，在目前的机器翻译中应用最为广泛。

目前，文本翻译作为主流的工作方式，依然是以传统的统计机器翻译、神经网络翻译为主。Google、Microsoft 与国内的百度、有道等公司都为用户提供了免费的在线多语言版本翻译系统。将源语言文字输入软件中，便可迅速翻译为目标语言的文字。Google 主要关注的是以英语为中心的多语言翻译，百度则关注以英语和汉语为中心的多语言翻译。另外，即时通信工具（如 Googletalk，Facebook 等）也提供了即时翻译服务。

文本翻译的主要特点是速度快、成本低、应用广泛，不同行业都可以采用相应的专业翻译。但是，这一翻译过程是机械的和僵硬的，在翻译过程中会出现很多语义语境上的问题，仍然需要人工翻译来补充。

#### 1．需求说明

下面我们要做一个翻译页面，通过选择翻译的语言，输入要翻译的内容，单击"翻译"按钮，系统自动在右侧展示翻译的结果，如图 8-5 所示。

图 8-5　需求展示

#### 2．接口参数说明

接口参数如表 8-1 所示。

表 8-1　接口参数

| 字 段 名 | 类 型 | 是否必填 | 描 述 | 备 注 |
| --- | --- | --- | --- | --- |
| appid | string | 是 | App ID | 可在管理控制台查看 |
| file | files | 是 | 请求翻译的文件 | 目前支持的文件类型有 docx、xls、xlsx、ppt、pptx、pdf，设置 Content-Type= mutipart/form-data，文件大小限制为 50MB |

续表

| 字　段　名 | 类　　型 | 是否必填 | 描　　述 | 备　　注 |
|---|---|---|---|---|
| from | string | 是 | 翻译源语言 | 参考支持语种列表 |
| to | string | 是 | 翻译目标语言 | 参考支持语种列表 |
| timestamp | string | 是 | 10 位时间戳 | |
| type | string | 是 | 文件类型 | 支持取值范围：docx、xls、xlsx、ppt、pptx、pdf |
| sign | string | 是 | 签名 | 参考签名计算规则，32 位小写 |

接口地址为 https://fanyi-api.baidu.com/api/trans/vip/doccount。

签名生成方法如图 8-6 所示。

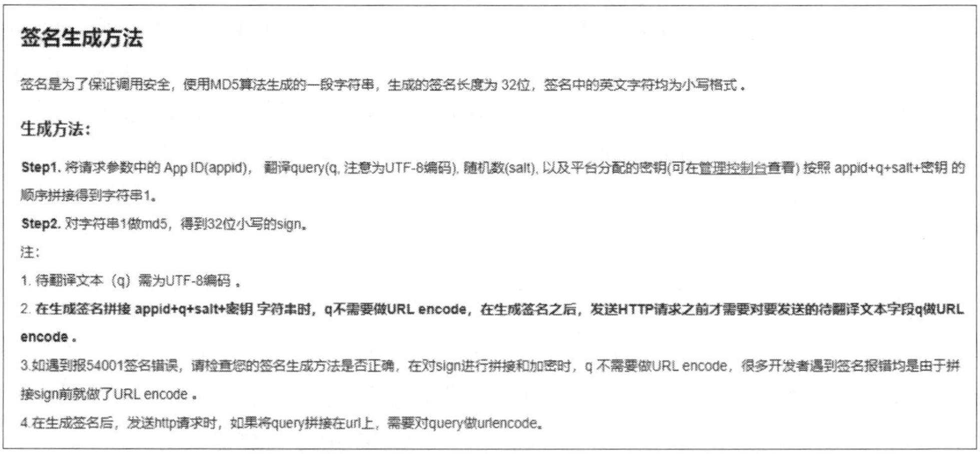

**签名生成方法**

签名是为了保证调用安全，使用MD5算法生成的一段字符串，生成的签名长度为 32位，签名中的英文字符均为小写格式。

**生成方法：**

**Step1.** 将请求参数中的 App ID(appid)，翻译query(q，注意为UTF-8编码)，随机数(salt)，以及平台分配的密钥(可在管理控制台查看) 按照 appid+q+salt+密钥 的顺序拼接得到字符串1。

**Step2.** 对字符串1做md5，得到32位小写的sign。

注：

1. 待翻译文本（q）需为UTF-8编码。

2. 在生成签名拼接 appid+q+salt+密钥 字符串时，q不需要做URL encode，在生成签名之后，发送HTTP请求之前才需要对要发送的待翻译文本字段q做URL encode。

3.如遇到报54001签名错误，请检查您的签名生成方法是否正确，在对sign进行拼接和加密时，q 不需要做URL encode，很多开发者遇到签名报错均是由于拼接sign前就做了URL encode。

4.在生成签名后，发送http请求时，如果将query拼接在url上，需要对query做urlencode。

图 8-6　签名生成方法

### 3．页面开发

（1）html 部分展示。

```
<div class="translate_view">
  <el-form :inline="true" :model="before" class="demo-form-inline">
    <el-form-item label="选择翻译语言">
      <el-select v-model="before.to" placeholder="请选择">
        <el-option v-for="item in
seloptions" :key="item.value" :label="item.name" :value="item.value">
        </el-option>
      </el-select>
    </el-form-item>
    <el-form-item>
      <el-button type="primary" @click="onSubmit">翻译</el-button>
    </el-form-item>
  </el-form>
  <div class="cont">
    <el-row :gutter="24">
      <el-col :span="12">
        <div class="left">
          <el-input class="atextarea" type="textarea" placeholder="请输入内容"
```

```
v-model="before.q">
            </el-input>
        </div>
    </el-col>
    <el-col :span="12">
        <div class="right">
            {{fyjg}}
        </div>
    </el-col>
</el-row>
</div>
</div>
```

（2）js 部分。

```
<script>
import {
  translate
} from '@/api/translate.js'
import md5 from 'js-md5';
export default {
  data() {
    return {
      seloptions: [{
          value: 'auto',
          name: '自动识别'
        },
        {
          value: 'en',
          name: '英语'
        }, {
          value: 'yue',
          name: '粤语'
        },
        {
          value: 'kor',
          name: '韩语'
        },
        {
          value: 'th',
          name: '泰语'
        },
        {
          value: 'pt',
          name: '葡萄牙语'
        },
        {
          value: 'el',
          name: '希腊语'
        },
        {
```

```
            value: 'bul',
            name: '保加利亚语'
        },
        {
            value: 'fin',
            name: '分兰语'
        },
        {
            value: 'slo',
            name: '斯洛文尼亚语'
        },
        {
            value: 'cht',
            name: '繁体中文'
        }
    ],
    before: {
        q: "", //输入的原文
        to: "auto" //选择目标语言
    }, //保存初始数据
    appid: "*******", //百度翻译开放平台的个人 AppID
    salt: new Date().getTime(), //随机数
    q: "", //请求翻译文本
    from: "auto", //源语言
    to: "zh", //目标语言
    sign: "", //签名
    userkey: "********", //百度翻译开放平台的个人密匙
    fyjg: "" //翻译结果
    }
},
methods: {
    onSubmit() {
        /*待翻译文本传入 URL*/
        this.q = this.before.q;
        /*从页面获取选择的目标语言传入 URL*/
        this.to = this.before.to;
        /*md5 加密，生成签名*/
        this.sign = md5(this.appid + this.q + this.salt + this.userkey);
        /*对待翻译字符做 URL 编码*/
        this.q = encodeURIComponent(this.before.q);
        /*请求翻译*/
        translate({
            q: this.before.q,
            from: this.from,
            to: this.to,
            appid: this.appid,
            salt: this.salt,
            sign: this.sign,
        }).then(res => {
            this.fyjg = res.trans_result[0].dst;        //得到翻译结果
        });
```

```
      }
    }
  }
</script>
```

（3）接口展示部分。

```
export function translate(params) {
  console.log("canshu", params);
  return request({
    url: '/api/trans/vip/translate',
    method: 'get',
    headers: {
      'Content-Type': 'Application/json',
    },
    params
  })
}
```

## 4．测试

测试结果如图 8-7 所示。

图 8-7　测试结果

## 8.3.3　文档翻译

### 1．需求说明

通过上传一个 Word 文件访问翻译的结果，如图 8-8 所示。

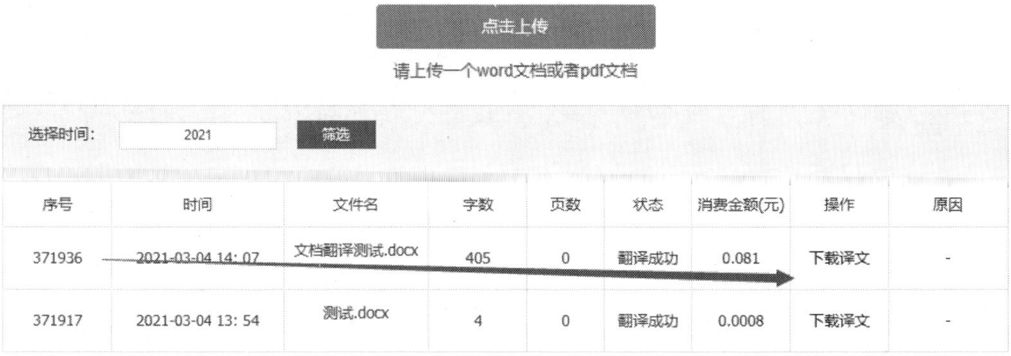

点击上传

请上传一个word文档或者pdf文档

选择时间： 2021 筛选

| 序号 | 时间 | 文件名 | 字数 | 页数 | 状态 | 消费金额(元) | 操作 | 原因 |
|---|---|---|---|---|---|---|---|---|
| 371936 | 2021-03-04 14:07 | 文档翻译测试.docx | 405 | 0 | 翻译成功 | 0.081 | 下载译文 | - |
| 371917 | 2021-03-04 13:54 | 测试.docx | 4 | 0 | 翻译成功 | 0.0008 | 下载译文 | - |

图 8-8　需求说明

### 2. 接口参数说明

接口参数如表 8-2 所示。

表 8-2　接口参数

| 字　段　名 | 类　　型 | 是否必填 | 描　　述 | 备　　注 |
|---|---|---|---|---|
| appid | string | 是 | App ID | 可在管理控制台查看 |
| file | files | 否 | 请求翻译的文件 | 目前，支持的文件类型有 docx、xls、xlsx、ppt、pptx、pdf，设置 Content-Type=mutipart/form-data，文件大小限制为 50 MB |
| fileId | string | 否 | 文件 ID（统计校验服务返回） | file 和 fileId 二传其一；二者同时存在，取 fileId 字段翻译 |
| from | string | 是 | 翻译源语言 | 参考支持语种列表 |
| to | string | 是 | 翻译目标语言 | 参考支持语种列表 |
| timestamp | string | 是 | 10 位时间戳 | |
| type | string | 是 | 文件类型 | 支持取值范围：docx、xls、xlsx、ppt、pptx、pdf |
| sign | string | 是 | 签名 | 参考签名计算规则，32 位小写 |

接口地址为 https://fanyi-api.baidu.com/api/trans/vip/doctrans。

校验方法如图 8-9 所示。

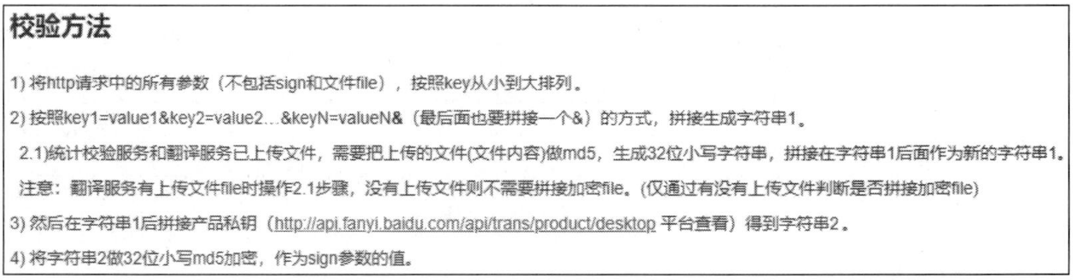

**校验方法**

1) 将http请求中的所有参数（不包括sign和文件file），按照key从小到大排列。

2) 按照key1=value1&key2=value2…&keyN=valueN&（最后面也要拼接一个&）的方式，拼接生成字符串1。

　2.1)统计校验服务和翻译服务已上传文件，需要把上传的文件(文件内容)做md5，生成32位小写字符串，拼接在字符串1后面作为新的字符串1。

　注意：翻译服务有上传文件file时操作2.1步骤，没有上传文件则不需要拼接加密file。(仅通过有没有上传文件判断是否拼接加密file)

3) 然后在字符串1后拼接产品私钥（http://api.fanyi.baidu.com/api/trans/product/desktop 平台查看）得到字符串2。

4) 将字符串2做32位小写md5加密，作为sign参数的值。

图 8-9　校验方法

### 3. 页面开发

（1）html 部分。

```
<div class="doccount_view">
  <el-upload class="upload-demo" action="-" :before-upload="beforeUpload">
    <el-button size="small" type="primary">单击上传</el-button>
    <div slot="tip" class="el-upload__tip">请上传一个 Word 文档或者 pdf 文档</div>
  </el-upload>
</div>
```

（2）js 部分。

```
<script>
import {
  doccount
} from '@/api/translate.js'
import md5 from 'js-md5'
import BMF from 'browser-md5-file';
export default {
  data() {
    return {
      fileList: [],
      seloptions: [{
          value: 'auto',
          name: '自动识别'
        },
        {
          value: 'en',
          name: '英语'
        }, {
          value: 'yue',
          name: '粤语'
        },
        {
          value: 'kor',
          name: '韩语'
        },
        {
          value: 'th',
          name: '泰语'
        },
        {
          value: 'pt',
          name: '葡萄牙语'
        },
        {
          value: 'el',
          name: '希腊语'
        },
        {
          value: 'bul',
          name: '保加利亚语'
        },
        {
```

```
            value: 'fin',
            name: '芬兰语'
        },
        {
            value: 'slo',
            name: '斯洛文尼亚语'
        },
        {
            value: 'cht',
            name: '繁体中文'
        }
    ],
    appid: "20160202000010607", //百度翻译开放平台的个人 AppID
    salt: new Date().getTime(), //随机数
    q: "", //请求翻译文本
    from: "auto", //源语言
    to: "zh", //目标语言
    sign: "", //签名
    userkey: "3tsAblcfbahvKdLWmSoG", //百度翻译开放平台的个人密匙
    fyjg: "" //翻译结果
    }
},
methods: {
    beforeUpload(file) {
        const params = {
            appid: '20160202000010607',
            from: 'zh',
            timestamp: Date.parse(new Date()) / 1000,
            to: 'en',
            type: 'docx',
        }
        const seckey = '3tsAblcfbahvKdLW'mSoG'
        let querySign = ''
        for (let key in params) {
            querySign += (key + '=' + params[key] + '&')
        }
        const bmf = new BMF()
        bmf.md5(
            file,
            (err, fileMd5) => {
                console.log('md5 string:', fileMd5);   // 97027eb624f85892c69c4bcec8ab0f11
                console.log('querySign:', querySign);
                console.log(querySign + " " + fileMd5 + " " + seckey)
                const sign = md5(querySign + " " + fileMd5 + " " + seckey)
                console.log(sign)

                const formData = new FormData();
                for (let key in params) {
                    formData.append(key, params[key]);
                }
                formData.append('sign', sign);
```

```
            formData.append('file', file)
            doccount(formData).then(res => {
              console.log(res)
            })
          },
          progress => {
            console.log('progress number:', progress);
          },
        );

      },
      handlePreview(file) {
        console.log(file);
      },
    }
  }
}
</script>
```

（3）接口部分。

```
export function doccount(data) {
  console.log("canshu", data);
  return request({
    url: '/api/trans/vip/doctrans',
    method: 'post',
    headers: {
      'Content-Type': 'multipart/form-data',
    },
    data
  })
}
```

### 4．测试

测试结果如图 8-10 所示。

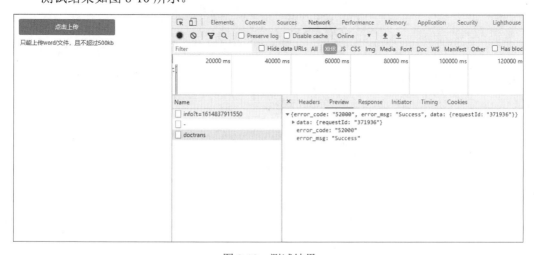

图 8-10　测试结果

## 习题

1．机器翻译经历了哪几个阶段？
2．规则机器翻译有什么优点和缺点？
3．统计机器翻译有什么优点和缺点？
4．如何通过调用开放平台接口做一个文本翻译的页面？
5．如何通过调用开放平台接口做一个文档翻译的页面？

## 参考文献

[1] 刘琢．机器翻译的起源发展与未来展望[EB/OL]．[2022-4-25]．https://www.ixueshu.com/document/68abee163511291ef8d85d2e213f5b47318947a18e7f9386.html.

[2] 飞桨 PaddlePaddle．机器翻译的流程（原理）是怎么样的?[EB/OL].（2019-03-28）[2022-4-25]．https://www.zhihu.com/question/24588198.

[3] Alice 熹爱学习．透彻理解神经机器翻译的原理[EB/OL]．（2020-09-22）[2022-4-25]．https://blog.csdn.net/aliceyangxi1987/article/details/108728568?utm_medium=distribute.pc_relevant.none-task-blog-baidujs_title-7&spm=1001.2101.3001.4242.

[4] 百度文库．基于规则的机器翻译系统[EB/OL]．[2022-4-25]．https://wenku.baidu.com/view/50c9791659010202207409c3a.html.

[5] 冯志伟．机器翻译研究[M]．北京：中国对外翻译出版公司，2004．

[6] 刘洋．基于深度学习的机器翻译[EB/OL].（2017-11-13）[2022-4-25]. https://blog.csdn.net/cf2SudS8x8F0v/article/details/78526512.

[7] 高明虎，于志强．神经机器翻译综述[J]．云南民族大学学报（自然科学版），2019（1）：72-76.

# 第 9 章

# 聊天机器人

聊天机器人（chatterbot）是指通过对话或文字进行交谈的计算机程序，可以模拟人类的对话。

有的聊天机器人会搭载自然语言处理系统，有的只会撷取用户输入的关键字，然后通过关键字从数据库中找到最合适的应答语句。通过聊天机器人可以带来更多实用性的功能，如获取资讯以及给客户提供服务等。

当前，聊天机器人可以和许多组织的网站、应用程序以及即时消息平台（Facebook messenger）连接，所以它也是虚拟助理（如 Google 智能助理）的一部分，而非助理应用程序则包含有娱乐目的的聊天室，如特定产品促销以及社交机器人等。

本章主要介绍聊天机器人的分类，各大相关开放平台以及聊天机器人代码的开发。

## 9.1 聊天机器人介绍

### 9.1.1 聊天机器人的发展

ELIZA（1966）与 PARRY（1972）是早期非常著名的两款仅仅用于模拟笔谈的聊天机器人[1]。1984 年，聊天机器人"瑞克特"写了《警察的胡子造了一半》（*The Policeman's Beard Is Half Constructed*）一书。之后 A.L.I.C.E.、Jabberwacky 和 D.U.D.E 等聊天机器人吸引了人们更多的关注。现在，许多聊天机器人加入了游戏以及网络搜寻等其他功能。

相关的人工智能领域则是自然语言处理。例如使用专门软件或编程语言来完成一些特定功能的弱人工智能（Weak AI）领域工作。纯粹运用类型配对技巧但是缺乏思考能力的 A.L.I.C.E.使用的是一种叫作 AIML 的标记式语言。这种适用于谈话代理功能的语言已经被各类开发人员所采用，其产品叫作爱丽丝机器人（Alicebots）。而强人工智能（strong AI）却不同，它必须有智慧和逻辑推理的能力[1]。

不驱动于静态数据库的 Jabberwacky 聊天机器人则是在与使用者进行实时互动的基础上，学习新的对答和语境。而一些融合了即时学习与进化算法的新聊天机器人，则是依据每次聊天的经验，改善其沟通的能力。著名的例子是 2009 年里奥迪斯（Leodis）人工智能奖的得主——凯尔（Kyle）。但是，至今通用型的谈话人工智能仍然不存在，而有些软件开发人员则专注于实用方面：资讯检索。

"聊天机器人"竞赛聚焦于图灵测试或者更特定的目标。其中的两个年赛为"罗布能奖"（The Loebner Prize）和"话匣子挑战赛"（The Chatterbox Challenge）[2]。

### 9.1.2 聊天机器人的分类

#### 1．按照功能分类[3]

按照功能，聊天机器人可以分为 3 类：闲聊型聊天机器人、问答型聊天机器人、任务型聊天机器人。

这几种聊天机器人功能不同，所使用的技术也不相同。例如问答型聊天机器人，通过提取用户问句中的焦点词汇，在三元组或者知识图谱中进行搜索，不过为了提高搜索的精度，还会对问句和关系进行分类操作；而闲聊型聊天机器人，则是将焦点词汇当作序列标注问题去处理，然后将比较高的质量数据放到深度学习的模型中进行训练，从而得到目标的模型。

#### 2．按照模式分类[3]

按照模式，聊天机器人可以分为两类：基于检索模式和生成式模式。

（1）基于检索模式。它是根据输入的条件以及上下文从预定义响应的数据库与某种启发式推理中选择适当的响应，也就是构建 FAQ。对于存储问题以及相对应的答案，可以从 FAQ 中用检索的方式返回语句相对应的答案。这种模式的系统不会产生其他新的文本，它们只是从一个固定的集合中选择一个响应。所以这种模式有着明显的优缺点。优点就是因为这种模式使用的是手工打造的存储库，所以基于检索的模式不会有语法的错误。缺点是它们有可能无法处理数据库中没有预定义响应的场景。基于这个缺点，这种模型不能引用上下文实体信息。

（2）生成式模式。它是重新生成新的响应，不依赖预定义的响应。这种模式通常基于机器翻译技术，是从输入到输出（响应）的"翻译"，而不是从一种语言翻译到另一种语言[3]。

## 9.2 聊天机器人分析

### 9.2.1 聊天机器人的系统结构

一般来说，聊天机器人的系统结构如图 9-1 所示，包括 5 个主要的功能模块。语音识别模块主要负责将用户语音输入转换成文字并交由系统进行下一步分析；自然语言理解模块主要用来进行词义、句义分析以充分理解用户意图，并将特定的语义表达式输入对话管理模块中；对话管理模块负责协调各个模块的调用及维护当前对话状态，选择特定的回复方式并交由自然语言生成模块进行处理；自然语言生成模块生成回复文本后再经过语音合成模块转换成语音输出给用户[4]。

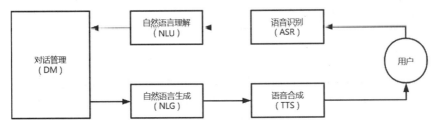

图 9-1　聊天机器人的系统结构

### 9.2.2　聊天机器人的关键技术

如今，大部分生产系统均采用检索的方式来实现，或者采用检索和生成相结合的方式。我们将文本机器人系统进行拆解[4]，如图 9-2 所示。一个复杂的聊天机器人主要涉及意图识别、Q&A 匹配过程。其中，意图识别可以看作是多分类任务，进行词义分析、语义分析以及上下文分析后，采用 SVM[2]、随机森林、决策树，以及神经网络等方法。当明确理解用户意图后，我们可以在相关分类中，通过关键词匹配获取相应回答。

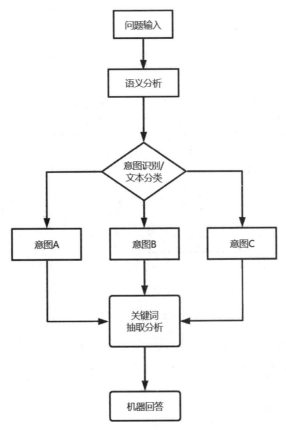

图 9-2　文本机器人的系统结构

## 9.3　聊天机器人开放平台

### 9.3.1　聊天机器人开放平台介绍

#### 1. 图灵机器人

图灵机器人拥有领先的增强学习模型，能让机器人的聊天对话更接近真人，并且拥有 23 类情绪识别及多维情感表达，让机器人更拟人化，能通过深度记忆系统与用户画像，让机器人更懂人类[5]。

网页地址为 http://www.turingapi.com/。

使用之前要先注册。注册之后，单击"创建机器人"按钮，如图 9-3 所示。应用创建完成之后，可以得到 apikey，如图 9-4 所示。

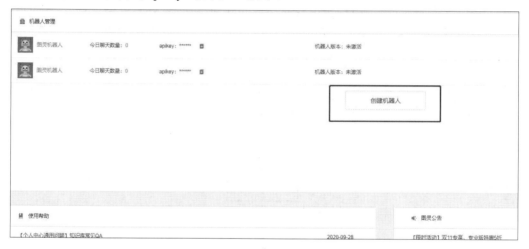

图 9-3　创建机器人

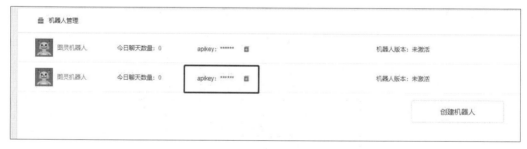

图 9-4　apikey 获取

接口地址为 http://openapi.tuling123.com/openapi/api/v2。

请求方式为 HTTP POST。

请求参数如表 9-1～表 9-8 所示。

请求参数格式为 json。

请求示例如下。

```
{
    "reqType":0,
    "perception": {
        "inputText": {
            "text": "附近的酒店"
        },
        "inputImage": {
            "url": "imageUrl"
        },
        "selfInfo": {
            "location": {
                "city": "北京",
                "province": "北京",
                "street": "信息路"
            }
        }
    },
    "userInfo": {
        "apiKey": "",
        "userId": ""
    }
}}
```

表 9-1　参数说明表

| 参 数 名 称 | 类　　型 | 是 否 必 须 | 取 值 范 围 | 说　　明 |
|---|---|---|---|---|
| reqType | int | N | — | 输入类型：0 表示文本（默认），1 表示图片，2 表示音频 |
| perception | — | Y | — | 输入信息 |
| userInfo | — | Y | — | 用户参数 |

表 9-2　Perception 参数表

| 参 数 名 称 | 类　　型 | 是 否 必 须 | 取 值 范 围 | 说　　明 |
|---|---|---|---|---|
| inputText | — | N | — | 文本信息 |
| inputImage | — | N | — | 图片信息 |
| inputMedia | — | N | — | 音频信息 |
| selfInfo | — | N | — | 客户端属性 |

注：输入参数必须包含 inputText、inputImage 或 inputMedia。

表 9-3　inputText 参数表

| 参 数 名 称 | 类　　型 | 是 否 必 须 | 取 值 范 围 | 说　　明 |
|---|---|---|---|---|
| text | string | Y | 1~128 字 | 直接输入文字 |

表 9-4　inputImage 参数表

| 参 数 名 称 | 类　　型 | 是 否 必 须 | 取 值 范 围 | 说　　明 |
|---|---|---|---|---|
| url | string | Y | — | 图片地址 |

表 9-5　inputMedia 参数表

| 参 数 名 称 | 类　　型 | 是 否 必 须 | 取 值 范 围 | 说　　明 |
|---|---|---|---|---|
| url | string | Y | — | 音频地址 |

表 9-6　selfInfo 参数表

| 参 数 名 称 | 类　　型 | 是 否 必 须 | 取 值 范 围 | 说　　明 |
|---|---|---|---|---|
| location | — | N | — | 地理位置信息 |

表 9-7　location 参数表

| 参 数 名 称 | 类　　型 | 是 否 必 须 | 取 值 范 围 | 说　　明 |
|---|---|---|---|---|
| city | string | Y | — | 所在城市 |
| province | string | N | — | 省份 |
| street | string | N | — | 街道 |

表 9-8　userInfo 参数表

| 参 数 名 称 | 类　　型 | 是 否 必 须 | 取 值 范 围 | 说　　明 |
|---|---|---|---|---|
| apiKey | string | Y | 32 位 | 机器人标识 |
| userId | string | Y | 长度小于或等于 32 位 | 用户唯一标识 |
| groupId | string | N | 长度小于或等于 64 位 | 群聊唯一标识 |
| userIdName | string | N | 长度小于或等于 64 位 | 群内用户昵称 |

输出参数，示例如下。

```
{
    "intent": {
        "code": 10005,
        "intentName": "",
        "actionName": "",
        "parameters": {
            "nearby_place": "酒店"
        }
    },
    "results": [
        {
            "groupType": 1,
            "resultType": "url",
            "values": {
                "url":
"http://m.elong.com/hotel/0101/nlist/#indate=2016-12-10&outdate=2016-12-11&keywords=%E
4%BF%A1%E6%81%AF%E8%B7%AF"
            }
        },
        {
            "groupType": 1,
            "resultType": "text",
            "values": {
                "text": "亲，已帮你找到相关酒店信息"
            }
        }
    ]}
```

### 2. 青云客

这里提供了聊天机器人的调用接口，并提供了 API 文档，操作比较简单。本书主要讲述如何调用青云客接口，实现机器人聊天的功能（见表 9-9 和表 9-10）。

表 9-9 青云客聊天机器人接口请求方式

| 请求地址 | http://api.qingyunke.com/api.php | | |
| --- | --- | --- | --- |
| 请求方式 | GET | 字符编码 | utf-8 |
| 请求示例 | http://api.qingyunke.com/api.php?key=free&appid=0&msg=你好 | | |

表 9-10 接口参数详情表

| 参 数 名 称 | 示 例 | 说 明 |
| --- | --- | --- |
| key | free | 必需，固定值 |
| appid | 0 | 可选，0 表示智能识别 |
| msg | 你好 | 必需，关键词，提交前请先经过 urlencode 处理 |

## 9.3.2 聊天机器人开发

本节使用 Java 语言，由于代码比较简单，直接调用青云客提供的聊天机器人对外接口。代码如下，代码结果展示如图 9-5 所示。

```java
public class RobotChat {
    //这是要向机器人网站发送的数据
    private static final String
httpPath="http://api.qingyunke.com/api.php?key=free&appid=0&msg=%s";
    //因为访问之后，会返回一个 json 类型的字符串，要建一个 Gson 来解析
    private static final Gson gs=new Gson();
    public static void main(String[] args) throws IOException {
        Scanner scanner = new Scanner(System.in);
        while (true) {
            System.out.print("我说：");
            String next = scanner.next();
            if (next.equals("886")) {
System.out.println("======================================OK.拜
~======================================");
                break;
            }
            else {
                //拼接数据
                String format = String.format(httpPath, next);
                URL url = new URL(format);
                //使用 URL 对象.openConnection()方法来连接指定网址
                //通过 HttpURLConnection 可以获取和设置请求方法，确定是否重定向，获取
响应码和消息体，以及是否使用代理
                //由于这是一个抽象类，所以不能直接创建它的实例。不过可以通过强转的方
式来获取 HttpURLConnection 对象
                HttpURLConnection urlConnection = (HttpURLConnection)
url.openConnection();
```

```
                    //使用 HttpURLConnection 对象.getResponseCode 方法来获取此次连接的状
态码
                    int responseCode = urlConnection.getResponseCode();
                    //&&表示两边都要满足条件，2XX 开头的都表示响应成功
                    if (responseCode<=200&&responseCode<=299) {
                        //通过 HttpURLConnection.getInputStream()获取网站传过来的数据
                        BufferedReader bufferedReader = new BufferedReader(new
InputStreamReader(urlConnection.getInputStream()));
                        //这里等下用来装从输入流读取的数据
                        String value;
                        //将数据装入 string 变量
                        value=bufferedReader.readLine();
                        //因为是 json 格式的，使用 Gson 对象.fromJson（需要封装的数据，封装
数据的对象）方法将数据封装
                        //注意，封装数据对象中的参数名要跟 json 数据中的参数名对应才可以封装
                        User user = gs.fromJson(value, User.class);
                        if (user.getResult()==0) {
                            //获取数据
                            String content = user.getContent();
                            //因为有些数据返回的时候会自带{br}字符，这里做了切割排除
                            String[] split = content.split("[{br}]");
                            StringBuffer sb=new StringBuffer();
                            if (split.length>1) {
                                for (String s : split) {
                                    sb.append(s+" ");
                                }
                                System.out.println("菲菲 ："+sb);
                            }else {
                                System.out.print("菲菲 ："+user.getContent());
                                System.out.println("\n");
                            }
                        }else {
                            System.out.println("超出了我的认知范围");
                        }
                    }else {
                        System.out.println("访问出错");
                    }
                }
            }
        }
    }
}
```

除了寻常聊天，还可以询问天气情况、进行计算以及查询 IP 归属地等。查询关键
字如下。

天气：msg=南京天气

智能聊天：msg=你好

笑话：msg=笑话

歌词（1）：msg=歌词破茧

歌词（2）：msg=歌词破茧-张韶涵

计算（1）：msg=计算 1+1*2/3-4

计算（2）：msg=1+1*2/3-4

成语查询：msg=成语一心一意

五笔/拼音：msg=机字的五笔/拼音

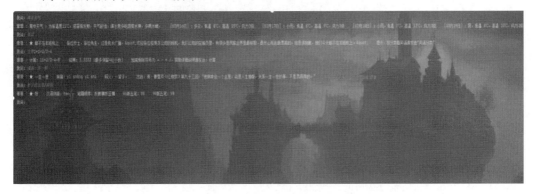

图 9-5　代码结果展示（一）

代码结果展示如图 9-6 所示。

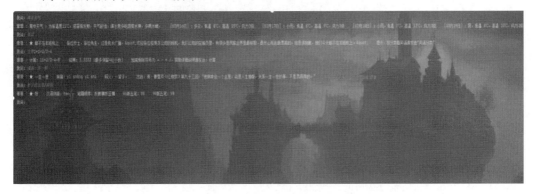

图 9-6　代码结果展示（二）

 习题

1. 聊天机器人主要涉及的技术有哪些？

2．简述聊天机器人的系统机构。

3．聊天机器人的流程是什么？

4．聊天机器人有哪些分类？

# 参考文献

[1] 爱看书的小沐．【NLP 开发】Python 实现聊天机器人（ELIZA）[EB/OL]．（2022-09-18）[2022-11-15]．https://blog.51cto.com/fish/5729015.

[2] Liesbeth V, Michaël C, Anna D, et al. Overview of artificial intelligence-based applications in radiotherapy: Recommendations for implementation and quality assurance[J]. Radiotherapy and Oncology, 2020(153): 55-66.

[3] 知然 xu. 聊天机器人一简介（一）[EB/OL]．（2018-08-11）[2022-4-25]. https://blog. csdn.net/m0_37565948/article/details/81582585.

[4] Luna's 卜卜星．聊天机器人技术分析综述[EB/OL]．（2019-04-24）[2022-4- 25]. https://blog.csdn.net/u013363120/article/details/89502353.

[5] 图灵机器人．http://www.turingapi.com/.